TURING 图灵新知

爱丽丝漫

几何王国

[法] 让-路易·布拉昂（Jean-Louis Brahem） 著

刘 彦 译

人民邮电出版社

北 京

图书在版编目（CIP）数据

爱丽丝漫游几何王国 / (法) 让–路易·布拉昂著；
刘彦译. -- 北京：人民邮电出版社，2023.9
（图灵新知）
ISBN 978-7-115-61717-0

Ⅰ.①爱… Ⅱ.①让… ②刘… Ⅲ.①几何—少儿读
物 Ⅳ.①O18-49

中国国家版本馆CIP数据核字(2023)第079286号

内 容 提 要

　　充满好奇心的小女孩爱丽丝，与数学老师一同踏上了几何王国的冒险之旅。他们将从"立方城"启程，途经"球体城"，飞越"中央高原"，驶入"无限沙漠"，探寻立体几何的秘密。在本书中，你将和爱丽丝一起领略几何王国的奇妙风景，探索丰富的几何知识。作者用生动的故事和充满童趣的插图，不仅展示了平行六面体、圆柱体、球体等立体图形，还详细介绍了等高线、透视、投影、反射等概念，帮助读者扩展空间想象力，激发学习几何和构图的兴趣。

　　本书适合对数学，尤其是立体几何感兴趣的大众读者阅读。

◆ 著　　　　[法] 让–路易·布拉昂（Jean-Louis Brahem）
　　译　　　　刘　彦
　　责任编辑　戴　童
　　责任印制　胡　南
◆ 人民邮电出版社出版发行　　北京市丰台区成寿寺路11号
　　邮编　100164　电子邮件　315@ptpress.com.cn
　　网址　https://www.ptpress.com.cn
　　北京宝隆世纪印刷有限公司印刷
◆ 开本：720×960　1/16
　　印张：10.25　　　　　　　　2023年9月第1版
　　字数：118千字　　　　　　　2023年9月北京第1次印刷
　　著作权合同登记号　图字：01-2018-4377 号

定价：79.80元
读者服务热线：(010) 84084456-6009　印装质量热线：(010) 81055316
反盗版热线：(010) 81055315
广告经营许可证：京东市监广登字 20170147 号

版 权 声 明

没有爱丽丝的画，就没有这本书，

感谢阿莉西娅把这些画交给我。

向我的母亲安娜致敬，一切都源于她。

《爱丽丝漫游几何王国》幕后故事

在这本书里，有两个人物并非虚构：爱丽丝，她和她的画点亮了我的故事；还有我自己，我完成了这个故事。

我是一名建筑师，多年来一直教建筑系的学生画画和几何。阿莉西娅是一个喜欢画画的小女孩，她的记事本里到处都是精心描绘的彩色的人、花和动物……这些画很迷人，可是当她十三岁时，她的父母认为应该把这种画画的热情引向规范教育，与法国国民教育科目保持一致。于是，我受托带阿莉西娅回到"正确"的道路，使她对画画的激情转向绘制画法几何①的图样。她很高兴不需要使用刻度尺、指南针和其他曲尺。她的铅笔质量很好，纸也足够厚，承受得住涂改和擦抹。

画法几何和平面几何的区别在于，前者引入了第三维度，用来表现深度、高度和空间。因此我们称之为"空间几何"，或者更口语化的"三维空间"。我们可以说，阿莉西娅徒手画出了三维空间。

我和她之间的课程就像书里讲的那样进行：介绍形状、大地和光线在平行透视和成角透视两种视角下的呈现方式。反射理论是最诱人的部分。我想起阿莉西娅的画并不是凭空而来的：我先给她讲解几何知识，在A4垫纸上徒手画出草图，我从来不在她的纸上直接画。她的画

---

① 画法几何指的是用一套特殊的程序，将三维的物体绘制在二维的平面上。（如无特别说明，本书脚注均为译者注）

都是原创的，我从未插手。

我不想说阿莉西娅天赋过人，也不想说我建筑系的学生水平不高，但阿莉西娅才上初三，和我那些已经高三毕业的学生相比，她的作品依然出类拔萃。

现在你们应该明白了，我是根据阿莉西娅的画完成《爱丽丝漫游几何王国》的。比如"中央高原"那一章开头的明信片就改编自她的作品。我需要想象并画出那些给她灵感的景物，再现激发她的想象力和自主性的环境。我创造了几何王国——这个数学联邦的小小成员国，以及它的城市、风景和历史。众所周知，世上有过光明和黑暗的时代、进步和倒退的科学。几何王国在衰落时遭遇了几何谬误（géométraque），我们将在后文中发现它的恶行。

我委托几何老师佩罗坦先生讲课并点评他的学生爱丽丝的作品。你们也许会觉得，比起爱丽丝，他更关心几何谬误的文物和遗迹，而爱丽丝这个无可争议的好学生，对这门扭曲的科学并非无动于衷。

本书的最后一幅画就是证据。

祝大家旅途愉快！

让－路易·布拉昂

目　录

几何王国鸟瞰图

我们从形状山谷进入几何王国，一路沿山谷而上，穿过几个风景如画的小镇，到达中央高原。我们从那里乘飞机飞越中海和海上荒无人烟的群岛，降落在炽热阳光下的无限沙漠。然后我们穿越沙漠，在大洋边的倒影露台结束行程，露台上有很多水池，为游客们带来几丝清凉。一艘游轮在海湾等待着游客们，准备送他们回家。

立方城的边防检查站

检查站内部"装饰"着各种平面几何图案，地面和天花板平行，并垂直于墙壁。人们从这里进入一个三维世界。

这张明信片和这个国家出售的所有明信片一样，都是由几何风光图片社发行的。

几何王国是数学联邦的四个成员国之一。这是一个迷人的国度，景色千变万化，村落别具一格，气候宜人，四季如春。说到几个邻国，逻辑王国有点儿单调，算术王国里到处都是银行、保险公司和商业活动，而代数王国时常被迷雾笼罩，环境不佳。

参观几何王国最好的办法就是从立方城的边防检查站入境，然后从海上离开——这是最完整的观光路线。

几何王国为游客提供一切服务和便利：纪念品店、青年旅舍、便捷的交通。不过，当地货币"迈斯"（math①）不可自由兑换，海关手续也有点儿鸡蛋里挑骨头：工作人员需要确认游客的几何知识是否符合现行法规，确保他们不是来质疑本国法律的。

爱丽丝·K. 在巴黎郊区的一所中学念初三。她是个很优秀的学生，因此赢得了学校出资去几何王国旅行的机会。不过，这并不是休假，而是一次修学旅行，她要时刻处在数学老师佩罗坦先生的安排和指导之下。除了在中学教书，佩罗坦先生还在准备一篇关于数学病理学的博士论文，他需要做研究……

佩罗坦先生带了两个行李箱，其中橙色的那个看上去空荡荡的。他肩上背着一台小小的 10 英寸②笔记本电脑，里面装着几何课教案，还有一台"索泥"超级照相机。他的脖子上挂着两副太阳镜。爱丽丝和妈妈激烈地争执了一番，总算可以只带一个背包，摆脱了拉杆箱的重负。

我们的两位旅行者来到了海关。他们需要等候片刻，办理手续，出示五花八门的证件。

爱丽丝趁机给父母寄了一张明信片。出发前，她答应要经常告诉他们最新消息。

海关人员和老师打了个招呼，让他入境。但学生要通过就没这么容易了：她必须和其他人一样，通过一项技术测试。此时正是学期末，可怜的爱丽丝刚刚经历过大大小小的考试。她恳求佩罗坦先生跟海关人员说说情，给她免了这份苦差。老师拒绝了：

---

① 　math 是英语和法语中"数学"（mathematics 或 mathématiques）一词的缩写。

② 　1 英寸 =2.54 厘米。

"这些人是在履行职责，我得回答他们的各种问题，才能解释清楚你为什么不用参加测试，这会花更长的时间。我就在外面等你。"

"如果我全都答错了，我就得回家？"

"对。那我得祝贺你了。"

爱丽丝只好老老实实地填了四张表，作为入境测试（见下页）。

最后，她在几何王国境内又见到了老师。尽管她成功地通过了测试，但是这场意外仍让她很是恼火。

"他们在害怕什么？传染病？还是犯罪活动？这可不是待客之道……"

一辆满载日本游客的旅游大巴正在接近边防检查站。这下海关人员有的忙了。

"看着吧，你会明白的。"

爱丽丝并没有因为获准进入几何王国而感到光荣，她只希望别
再有人拿这些愚蠢的问题来纠缠她了。

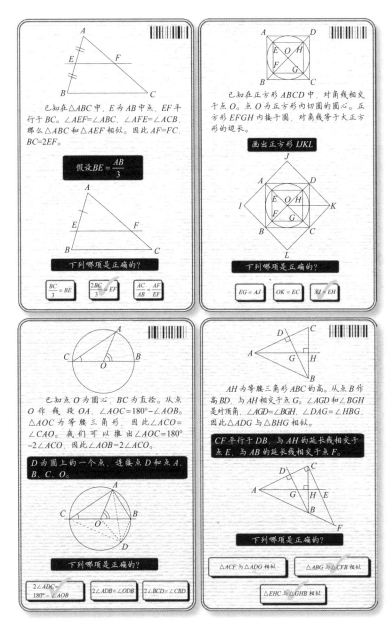

已知在 △ABC 中，E 为 AB 中点，EF 平行于 BC。∠AEF=∠ABC，∠AFE=∠ACB，那么 △ABC 和 △AEF 相似。因此 AF=FC，BC=2EF。

假设 $BE = \dfrac{AB}{3}$

下列哪项是正确的？

| $\dfrac{BC}{3} = BE$ | $2BC = EF$ ✓ | $\dfrac{AC}{AB} = \dfrac{AF}{EF}$ |

已知在正方形 ABCD 中，对角线相交于点 O。点 O 为正方形内切圆的圆心。正方形 EFGH 内接于圆，对角线等于大正方形的边长。

画出正方形 IJKL

下列哪项是正确的？

| EG = AJ | OK = EC | AJ = EH ✓ |

已知点 O 为圆心，BC 为直径。从点 O 作线段 OA。∠AOC=180°−∠AOB。△AOC 为等腰三角形，因此 ∠ACO=∠CAO。我们可以推出 ∠AOC=180°−2∠ACO，因此 ∠AOB=2∠ACO。

D 为圆上的一个点，连接点 D 和点 A、B、C、O。

下列哪项是正确的？

| 2∠ADC=180°−∠AOB | 2∠ADB=∠ODB | 2∠BCD=∠CBD |

AH 为等腰三角形 ABC 的高。从点 B 作高 BD，与 AH 相交于点 G。∠AGD 和 ∠BGH 是对顶角，∠AGD=∠BGH，∠DAG=∠HBG，因此 △ADG 与 △BHG 相似。

CF 平行于 DB，与 AH 的延长线相交于点 E，与 AB 的延长线相交于点 F。

下列哪项是正确的？

| △ACF 与 △ADG 相似 | △ABG 与 △CFB 相似 |
| △EHC 与 △GHB 相似 |

技术测试

这种卡片有好几百张，任何要进入几何王国的外国游客都得填写四张任意抽取的卡片。海关人员根本没办法一一检查答案，成绩是自动计算的。

最后一张卡片上隐藏着一个陷阱，爱丽丝识破了：三个选项里有两个正确答案。

第 1 页的"几何王国鸟瞰图"显示，在边防检查站通往立方城的路上，右侧有一座圆丘状的建筑，禁止游客入内。老师看到海关人员正忙着应对日本游客，就放心地跨过栅栏，走进这片禁地。爱丽丝兴高采烈地跟在他的身后。

定理石碑

老师拿出手电筒。爱丽丝感到不安，她有点儿害怕蜘蛛。她四处打量着，然后看到石碑上的内容，读了起来。

"这些蠢话是怎么回事？"

"走吧，"老师说，"咱们步行去立方城。我给你讲个故事，告诉你为什么这些'蠢话'一点儿也不好笑。

"一直以来，几何王国的国王们都很小心地维护着几何定律和各种先例，并不断进行扩充。很久很久以前，迈斯那科一世国王（Matharnak Iᵉʳ）疯了。他宣称那些定理都是错的，那些论证和特性都是谎言，一切都应该推倒重来。这场几何'复兴'被称作几何谬误，你刚才在石碑上看到的那些句子就是这场运动的基本定理。

"为了赋予这门新科学具体的形象，迈斯那科一世令王国最好的工匠们制造了各种和他一样疯狂的物体。民众对此看法不一，有人觉得这些物体是对常识和几何传统的侮辱，也有人认为它们别出心裁，散发着叛逆的气息，有趣极了。但当国王向逻辑王国宣战时，民众意见一致，废黜了国王。据说他成了一个普普通通的公民，在集市上变戏法或专门行骗。我知道的就这些了。

"逻辑王国和几何王国仍然是友好的邻居，真正的几何学也重新建立起来。历史书忘记了这段有损皇家颜面的插曲。

"几何谬误还剩下些什么？那就是边防部门对任何错误的几何学都抱有根深蒂固的怀疑。你刚刚在不明就里的情况下，也遭受了这种怀疑。此外，几何谬误还剩下一些痕迹和物体。说实话，亲爱的爱丽丝，我来这里就是为了寻找这种邪恶的几何学留下的遗迹，以便研究它，并彻底消灭它。"

"佩罗坦先生，您要掘地三尺吗？"

"不用，那些遗迹既没有被掩埋，也没有被忘记！想想吧，它们一直在升值，甚至成了用于非法交易和投机活动的商品。我知道某些狡猾的旧货商、窝藏犯和古怪的收藏家偷偷地持有它们。我一定会找到的！"

"其实，您有点儿像那些海关人员，您害怕再发生那样的事情。"

"你知道的，爱丽丝，有些人很疯狂，如果我们不彻底扭断几何谬误的脖子，它就会复活。"

在内心深处，爱丽丝根据这一切推断出，她不用跟着老师一路听他指导和评论了。他有别的事情要做，所以她会很清静：几何王国之旅有一个好的开始。

"看，那就是立方城。"

有着千百个直角的城市
和很多边境城市一样，在立方城，非法交易和走私违禁物品时有发生。这里很适合搜寻几何谬误的踪迹。

佩罗坦先生的课程非常适合他的学生爱丽丝：

"你到处走走，仔细观察，把那些立方体画下来。下午五点，我们在'立体派'咖啡厅碰头，聊聊立方体的事情。晚上自由活动。我给你预订了青年旅舍的床位。你没忘带你的速写本和彩色铅笔吧？"

最后这个问题让爱丽丝很是恼火，但她控制住了。

下午五点，立体派咖啡厅。

佩罗坦先生的橙色行李箱看上去满满的。他的笔记本电脑开着，停留在"立方体"页面上。他神情严肃，好像要宣布一件重要的事情。

爱丽丝只顾盯着那个橙色的行李箱，里面似乎塞满了几何谬误的遗迹。

"爱丽丝，我们要表现立方体。我希望你能明白，有三种画出立方体的方法。

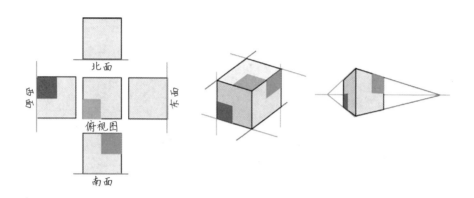

"第一种是展开法，把一切都变成平面的；第二种是平行透视法，你可以看到，几组平行线依然保持平行；最后一种是成角透视法，也叫'递减透视法'，因为近大远小。我们先使用平行透视法。"

他的声音很严肃，爱丽丝正襟危坐。

"是，先生。"

爱丽丝明白，要看几何谬误的遗迹，还得等会儿。她忍住叹气的冲动，打开速写本。佩罗坦先生没想到还有立方体之外的东西。

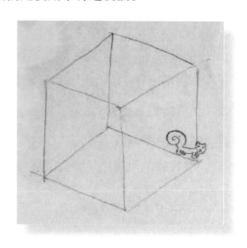

"你的立方体有三个优点。

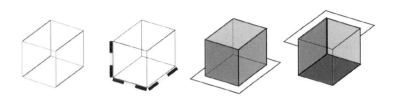

"首先，它的每条棱一样长，并且平行于相对的棱；其次，还好有那只蜗牛，让我明白了这个立方体是从上往下看的，因为它也可以从下往上看……"

"那不是蜗牛，而是一只傻乎乎的松鼠，它以为自己可以躲在一个透明的立方体后面。"

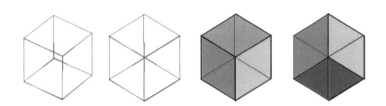

"第三个优点：你在画这个透明的立方体的时候，没有把相对的顶点重叠在一起。如果这两个顶点重合，立方体就会变成一个完美的六边形，因为每条边都一样长。假设光从右上方照过来，我们现在就有了同一个立方体从上往下看和从下往上看的两种效果图。这些边形成了一个六边形，不太好理解。你画的那种立方体就容易理解多了。

"你怎么解释下面这些图？"

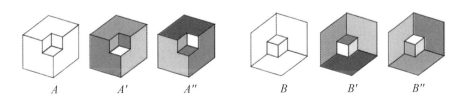

　　"这可难不倒我。对于立方体 A，A' 是从上往下看的，这是一个实心的立方体，角上少了一个白色小方块；而 A'' 是从下往上看的，这是一个空心的立方体，角上多了一个白色小方块。立方体 B 也一样，只是刚好相反：B' 是从下往上看的，而 B'' 是从上往下看。我说得对吗？"

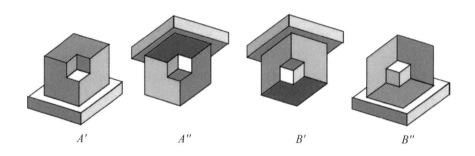

A' 　　　　　　 A'' 　　　　　　 B' 　　　　　　 B''

　　"完全正确，在一个实心的立方体中，它的三个面会被认为是凸出来的；在空心的立方体中，三个面会被认为是凹进去的，这就是为什么立方体还需要其他的形状在旁边。你的蜗……松鼠是个好主意。"

　　"这个立方体至少不是空心的，而且是从上往下看的。它是一个生气的方块。"

　　"也可以把这张脸看成画在从下往上看的立方体内部的三个面之一上。"

　　"没错，它还可能是一个被卡车轧扁的方块。"

　　"什么？？？"

　　"我的意思是一个被压成二维的三维立方体。"

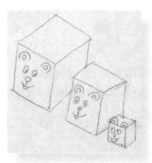

"很漂亮的画，立方体们部分重叠，最小的离我们最近。它们看上去很高兴。"

"这是立方市民一家，它们从立方乐园来，化装成老鼠的样子。"

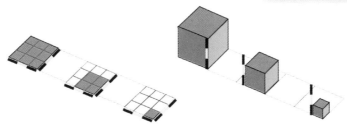

"我们假设小方块的棱长是它妈妈的棱长的一半，是它爸爸的棱长的三分之一。"

"有可能。"

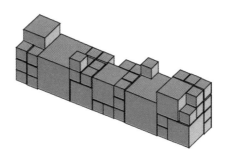

"如果以小方块的棱长为单位，那么它们可以填满任何一个长方体。我可以马上给你算出，填满一个棱长为 10 个单位的立方体（1000 个小方块），需要多少个这样的家庭。结果是需要 20 个父亲（20×27＝540 个小方块），当然也就有 20 个母亲（20×8＝160 个小方块）。问题是每对夫妻得有 15 个孩子（20×15＝300 个小方块）。很不幸，每家至少要有这么多孩子，才能填满这个立方体。"

"好可怕啊，这些可怜的人！我只有一个弟弟。在我们家，一束美丽的花不可能被摆在一张这么不牢固的小桌子上。"

"你的小桌子上画出了对角线。我们来聊聊这个：以平行透视法画出来的立方体，它的面从正方形变成了菱形。你知道吗？菱形的对角线是互相垂直的。"

"我还知道菱形的对角线互相平分，佩罗坦先生。"

   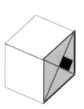

"立方体外部的三个面是被画成菱形的正方形，边长相等，但对角线不一样长（左图）。这里画出来的所有立方体都是平行的，它们各自的对角线也是平行的（右图）。"

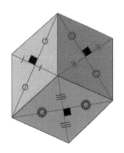 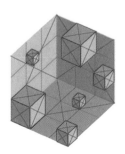

"挂在墙上的立方体！我可真是大开眼界。还是回到地面上来吧。

"透明的爸爸打着盹儿，妈妈已经睡熟了。双胞胎趁机吵架。"

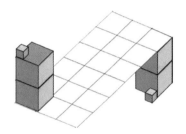

"双胞胎兄弟中离得较近的那个和离得较远的那个体积相等。不管它处于哪个位置，不管远近高低，它总是和它的兄弟体积相等。"

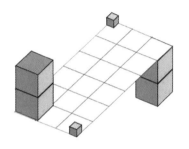

"左边是我歪着脖子画的立方城市政厅漂亮的天花板，它被评为历史遗迹；右边是市政厅门前的池塘——鱼和鸭子是我想象出来的。实际上，池塘的底部铺满了游客们扔的一分迈斯硬币……"

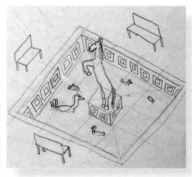

"你对天花板的视角是'上升式'的，或者说'反下潜式'的。与之相反，你对池塘的视角是'下潜式'的。"

"我才不想潜到里面去呢！"

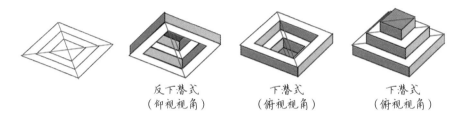

反下潜式   下潜式   下潜式
（仰视视角）   （俯视视角）   （俯视视角）

"正方形的对角线使得我们可以画出一系列同心正方形。所以，横向白色边框的宽度是固定的。不过……这是立方城的市政厅吗？"

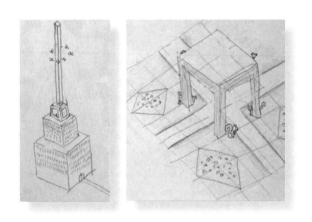

"对，这是从很高的地方看到的市政厅。楼顶有一根旗杆，候鸟们把它当作地标。旁边是市政厅的花园。我的画不太对劲：花坛本来应该是正方形的；但凉亭画得很成功，是一个完美的立方体。

"这话只在我们之间说说，佩罗坦先生，立方体是最愚蠢的图形。还有，我白白地找了很久，来立方城之前，我从来没有见过立方体，除了我那躺在游戏盒里的三个骰子，也许还有一个箱子、一座现代风格的房子……"

"爱丽丝，要进入三维空间，必须先通过立方体：三维空间中的立方体，就相当于句子里最基础的动词。立方体有八个顶点，每个顶点处有三个直角，这样的顶点是全世界最常见的几何图形。立方体很少，但我们的世界到处都是直角。

"是立方体在旋转还是你在转圈？箭头似乎表明你的立方体在顺时针旋转。"

"不是，松鼠看见立方体旋转会害怕的。其实是我在逆时针转圈，看上去就像是立方体在顺时针旋转。

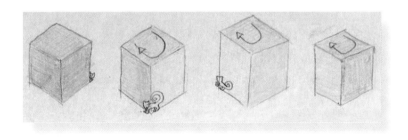

"这是我今天画的最后一幅画：我并排画了三个相同的图形，但它们的方向不一样。这样就不会打扰到小动物们了。"

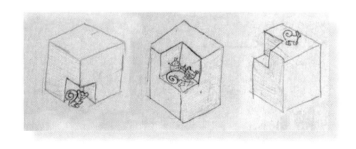

"这实际上就相当于你把同一个图形连续两次顺时针转动了 90°，第一次是纵向转，第二次是横向转。"

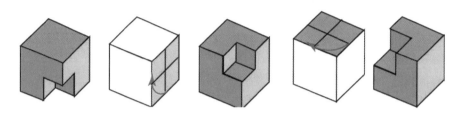

"完全正确。那么……我们围绕这个主题讲讲，佩罗坦先生？"

"我们已经从每个面都看了立方体。跟你刚刚给我看的画中的形状相反，当一个立方体旋转 90° 时，它的形状不会改变，只是一个面取代了另一个面，很简单。这也就是为什么你会觉得立方体单调。但是，想象一下，这个立方体旋转 45°，那就什么都变了！"

"太神奇了！"

"当我们用平行透视法画一个立方体时，它的面本来是正方形，现在被画成菱形。在这张图上，绿色的正方形是真正的正方形，边长和菱形的边长相等。如果我们把对角线 AC' 转动 45°，它就会落到垂直线 AC 的位置上；如果转动边 AB'，它就会落在 AB 上。"

"很有趣。"

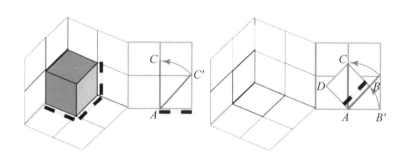

　　"正方形 $ABCD$ 不会产生任何变形。接下来很容易在两个垂直面上通过变形再现这个正方形。"

　　"太容易了。"

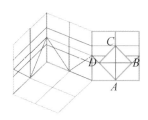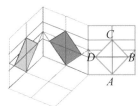

　　"把它放倒在平面上更容易。三个变形的正方形的对边平行，邻边不相等。反之……"

　　"越来越有趣了。"

　　"……对角线全部相等，而且菱形变成了长方形！"

　　"真意外！"

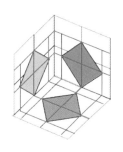

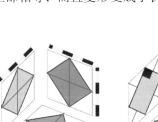

　　"新立方体的横向棱和纵向棱依然相等。立方体在三个维度上都旋转了45°。"

　　"多么漂亮的旋转！我们精彩地完成了。"

"这个结尾很好玩，可以让你在用功之后放松下来，把学习与有益的幽默结合起来，因为科学不是……"

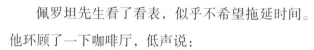

"很好玩，我感觉放松了。您呢？您今天找到了什么，佩罗坦先生？我能看看吗？"

佩罗坦先生看了看表，似乎不希望拖延时间。他环顾了一下咖啡厅，低声说：

"我找到了不少东西，但有一件重要的物品没能拿到手。我知道它就在那里，我必须在今晚找到它。所以，我们动作要快。"

"那是什么物品？"

"一个对边不相等的矩形。它叫作'4/3'，极为罕见。"

他总算打开了行李箱，从里面拿出各种被精心裹在包装纸里的物品，大小不一。

"这些立方体很常见，是用中央高原的大理石雕刻而成的。它们被用在几何谬误的课堂上。"

"我可以摸一下吗？"

"当心，它们都是易碎品。

"很可惜,这一件断了(右上图),它把立方体的六个面的对角线缠在一起,非常精致。你可以摸一下。"

"算了,我还是更喜欢远远地看,近距离观察的话,它会让我头疼。"

"这一件可能是疯狂的迈斯那科一世国王为他来自立方城的妃子修建的寝宫的模型(右中图)。据说他对这位妃子非常着迷,而且他对待感情直截了当。"

"在立方城,一切都是直截了当的。"

"这是我今天找到的最后一件物品(右下图)。这些错综复杂的金属立方体由螺栓固定在一起,它们由不同的合金制成,有着不同的颜色。很可惜,这件罕见的物品被弄坏了。"

一个立方市民刚刚走进咖啡厅,朝他们的方向看了一眼,然后走了过来。爱丽丝一下子僵住了。

老师收拾好他的发现,合上行李箱。

那个立方市民都没跟爱丽丝打招呼,直接对老师说:

"我想您就是佩罗坦先生吧。"

"请讲。"

"我听说您在找几何谬误。"

"是的，用于科学目的。"

"科学?"

佩罗坦先生明白过来，"科学"这个词在这里并不意味着什么好事，这位市民正是为此而来。佩罗坦先生接着道：

"我购买几何谬误。您有什么东西要卖吗?"

立方市民从口袋里掏出一件不可思议的物品。

11 个大理石立方体被金属棒连接在一起，组成了一个对边不相等的矩形。这就是著名的"4/3"。

就在佩罗坦先生检查这件物品的时候，立方市民报了价：他手上有出价 400 迈斯的买家，但他愿意助科学一臂之力，以 350 迈斯的价格处理掉。这样很划算……

"有三个立方体不是原装的，安反了，金属棒是新的。抱歉，这件物品的修复痕迹太多、太差，不值什么钱。"

"先生！我是从一个可靠的立方体收藏家那里得到的!"

"他叫什么名字?"

"呃……古比图斯（Cubitus[①]）先生，是个古巴人。"

"没听说过。麻烦您白跑一趟了，再见，先生。"

"100 迈斯……"

---

① Cubitus 是 cube（立方体）一词的谐音。

"50 迈斯作为车马费。"

那个立方市民收起 50 迈斯就走了。

爱丽丝松了一口气。

"50 迈斯买一个赝品，不值啊。"

"这件物品其实是真的，完好无损。那家伙根本不识货。"

爱丽丝对老师的敬佩之情油然而生。

他们约好第二天黎明在长途汽车站见面，然后出发去斜面邦。

在离开立方城之前，爱丽丝给她的父母寄了一张明信片。她在背面写道：

"几何王国很美，天气很好，我一切顺利。佩罗坦先生让我做了很多功课。吻你们。爱丽丝。"

第二天早上，在开往斜面邦的长途汽车上，爱丽丝坐到老师旁边，他的橙色行李箱似乎是空的。

"那些立方体去哪儿了，佩罗坦先生？"

"我昨天晚上把它们寄到了安全的地方，绝不会有危险。顺便一提，那个立方市民后来带着一件真正的赝品到旅馆里来找我了。"

"他要多少钱？"

"车马费的价格。"

"真品还是赝品？"

"它不是对已有的物体的复制，更像是一种对几何谬误精神的善意模仿。"

佩罗坦先生从口袋里掏出一件真实、伪造而充满善意的物品。

"这是一件很漂亮的工艺品，没什么可说的。只有从唯一一个特定的角度看，才能把这个淡紫色的立方体想象成空心的。"

尽管车子一直在摇晃，爱丽丝还是找到了正确的角度，感受到了这种错觉。

"啧啧。"

"这件物品毫无价值，不过它可以说明几何谬误不是一种视觉陷阱。不管我们从哪个角度看，一件几何谬误的物品都是错误的。不是眼睛弄错了，而是几何弄错了，这可严重得多。它在人们的头脑中播下混乱的种子，破坏人与人之间的关系，既不是视错觉也不是鬼把戏，而是一场灾难。"

"佩罗坦先生，几何谬误在您面前毫无还手之力。"

"谢谢你，爱丽丝。我之前没有告诉你这一切，因为我不确定你能不能理解。"

老师慷慨激昂过一阵之后，长途汽车重归平静。

远处开始出现一些斜面，到处都能看到倾斜的房子：斜面邦到了。

©几何眼光图片社

倾倾公主大街

安吉丽克·倾倾公主是一位著名的慈善家，经常帮助穷苦和不幸的人们。她被称作"俯身的圣母"，拥有以她的名字命名的大街和纪念碑，就在这张明信片的右边。只有坏心眼的人才会觉得这座纪念碑像一片奶酪。

刚下长途汽车，爱丽丝有点儿找不准垂直的方向，跟跟跄跄的。佩罗坦先生给他的学生下达一天的指示：

"下午五点左右，我们在对角线广场的倾斜夫人糕点店碰头。我已经跟她说好了为我们留位置，我要迟到了，再见！啊，我差点儿忘了，今天这节课的主题是斜面。"

"毫无疑问。"

爱丽丝谨慎地围着倾斜夫人糕点店的橱窗转了一小圈，开始参观这座城市。她看到了各种各样的奇观——要是佩罗坦先生晚点儿到就好了!

她决定提前到达。座位已经预订好了,糕点师在一旁服务。

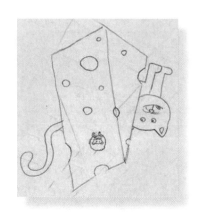

爱丽丝像女王一样尝了糕点,然后动笔画了起来。她没打算把这幅玩笑之作给老师看。

斜面都好好地画了出来,但奶酪跑题了,尤其是这样表现"俯身的圣母"纪念碑非常不礼貌。爱丽丝可不想惹麻烦。

佩罗坦先生来了。他的橙色行李箱看上去满满当当的。他打开笔记本电脑,拿起一块朗姆酒浸蛋糕,爱丽丝打开她的速写本。

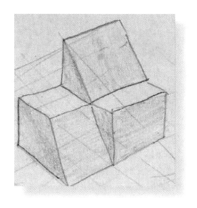

老师津津有味地吃着蛋糕。他嘴里塞得满满的,什么都没说。爱丽丝也没说话,翻到下一幅画。爱丽丝评论道:

"这是一座带斜面花园的房子。因为没有割草机能维护倾斜的草坪,所以由一只绵羊负责这项工作。"

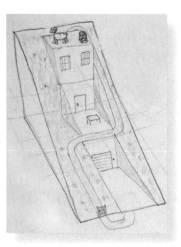

"两个立方体在36°的斜面上留下投影。其中一个平行(或垂直也行)于斜面,它留下的痕迹是一个正方形。另一个横向(或纵向)的立方体投射出一个以 AB 和 AC 为边的长方形,AC/AB 等于 AB 比倾斜角（这里是36°）的余弦。"

"佩罗坦先生，您答应过我……"

"我知道，不讲三角函数，但斜面都有很多个角，谈到角就一定会涉及三角函数。"

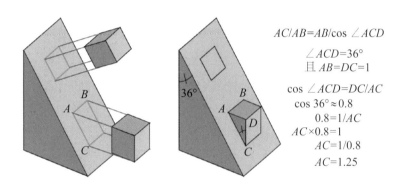

$AC/AB=AB/\cos \angle ACD$

$\angle ACD=36°$

且 $AB=DC=1$

$\cos \angle ACD=DC/AC$

$\cos 36°\approx 0.8$

$0.8=1/AC$

$AC\times 0.8=1$

$AC=1/0.8$

$AC=1.25$

爱丽丝的画有时候需要一点儿解释。

"我承认这个牧场太小了，不够养活三只绵羊和一只小羊，牧羊人和他的狗也走神了。狼可以伺机而动。"

"你在这座建筑上凿了一些形状，它们被称为'挖方'。你用它们来做什么了？"

"这是个好问题。我猜它们被拿去填洞了。"

"这样的话，挖方就变成了'填方'。想象一下，你没有洞要填，挖方就放在那里，用来补原来的建筑。你从建筑上凿出来的部分就是你填进去的部分。"

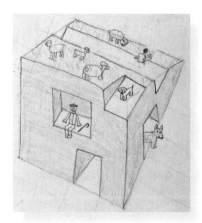

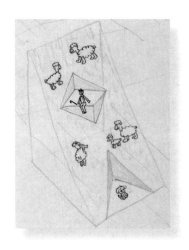

"没错，牧羊人所坐的突起处就是一块体积等于挖方的填方。相反，斜面底部的挖方被清走了，抱歉。"

"当填方等于挖方时，我们就能把它们搬来搬去。在这些示意图中，被取走的部分（红色）被加在了其他地方（绿色）。"

"这样很节约、美观，有教育意义，尤其有斜面的精神。让我们回到古代吧。"

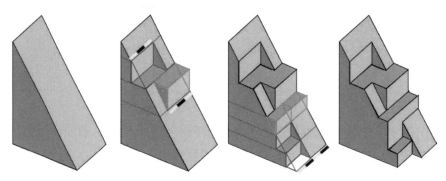

"确实如此，这种方法很久以前就有了。人类最早修建的斜面是楼梯，甚至比屋顶还早。你的画很好地介绍了楼梯这个主题。

"我把这两个斜面理解成楼梯，即使你没有画台阶。我猜在这座塔的背面，还有另外两道看不见的楼梯。最后一道楼梯比较短，这样可以通过最后一段平

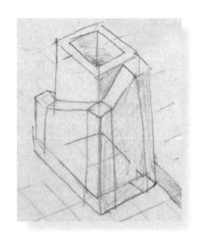

台连接环路。"

"这条环路有点儿太方了。我后来画了台阶，花的时间有点儿长，但效果很好。

"这道楼梯伸向地下。为了不让地下室的天花板太低，楼梯至少要下降一层的高度。这里没有平台。这是一道大楼梯，又长又宽，坡度很缓和。"

"楼梯的坡度要符合一些简单的规则，我们待会儿再讲。在此之前，我们得先弄明白，斜面的坡角和坡比之间的区别。"

"我感觉又回到三角函数了……"

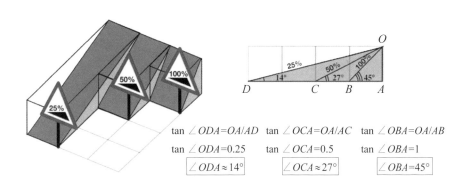

$\tan \angle ODA = OA/AD$　$\tan \angle OCA = OA/AC$　$\tan \angle OBA = OA/AB$

$\tan \angle ODA = 0.25$　$\tan \angle OCA = 0.5$　$\tan \angle OBA = 1$

$\boxed{\angle ODA \approx 14°}$　$\boxed{\angle OCA \approx 27°}$　$\boxed{\angle OBA = 45°}$

"不会花很长时间的，我只是为了告诉你，如果一个斜面的坡比是另一个斜面的两倍，它的坡角可不是后者的两倍。"

老师打开他的三角函数表，上面有成千上万个数字，纵横交错，密密麻麻。爱丽丝瞥了一眼。

"佩罗坦先生，您把零头抹去了：45°的正切值当然是1，但27°的正切值是0.509 525 449...，而不是0.5。14°的正切值是0.249 328 002...，而不是 0.25——我喜欢精确到小数点后九位。"

"在计算道路或楼梯的坡度时，小数根本没用，在这种情况下可以忽略不计。但在计算地球与火星之间的距离时，同样的几位小数可以造成几十千米的误差。"

"三角函数是大人的事情，应该避免让青少年接触。我更喜欢画楼梯。

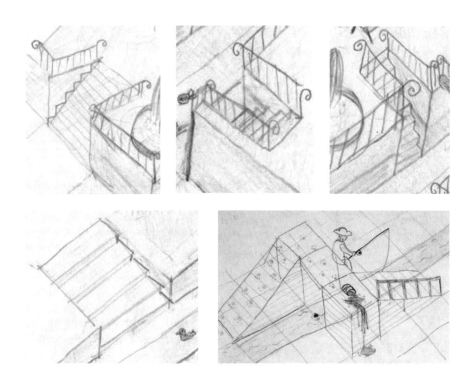

"要看懂我的最后一幅画，得先知道发生了什么。

"一位市政工作人员正把楼梯的扶手漆成绿色，一条小狗跑上台阶，从桥上穿过运河。小狗急着去右岸，打翻了油漆桶，并继续前进。

扫兴的工作人员找来他的钓鱼竿，他不想坐在小狗留下的还没干透的油漆痕迹上，就坐到了桥的另一侧。可是，由于水流的方向，他看不见浮漂了。他今天很不走运，做什么都不顺利。"

"爱丽丝，我要给你一个惊喜：我非常喜欢你这两道楼梯的坡度，很合理。"

"那再好不过了。"

"你不想知道为什么你设计得很合理吗?"

"想，当然想。"（叹气）

"假设两个楼梯平台都是棱长为 N 的立方体，那么楼梯需要一步跨出的长度为 $2N$，同时上升的高度为 N。"

"您在转述我的画。"

"我在讲其中的道理。这时，楼梯可能由高度为 H、级宽为 $G=2H$ 的台阶组成。"

"'级宽'是什么?"

"就是台阶的深度……呃，宽度……你每一步踏上去的长度……

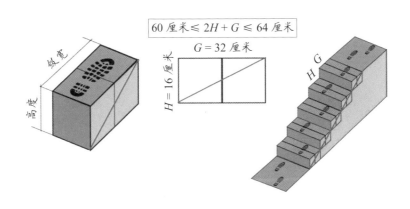

"理想的楼梯台阶符合一个古老的漂亮公式：

"'如果一级台阶的高度的 2 倍与级宽之和为 60 至 64 厘米，那它就是便于行走的。'

"已知高度为 16 厘米（为了让你有个概念，这本书宽 17 厘米），如果级宽为 32 厘米，那么，爱丽丝，你的楼梯就是便于行走的。

"决定楼梯好不好的不是坡度，而是台阶。你看，我们可以用同样的坡度，修建不符合漂亮公式的台阶，那样上楼、下楼都很别扭。

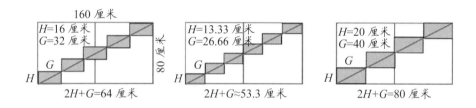

"理想的台阶并不是唯一的，任何根据漂亮公式计算出来的台阶都是理想的。"

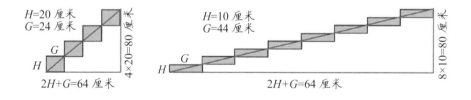

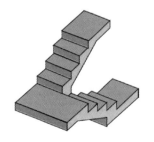

"对谁来说是理想的？"

"对爬楼梯的人来说。不管坡度是多少，这个公式都能保证台阶的舒适性，符合步行时的人体工程学。反过来说，如果它们是理想的，同一道楼梯不可能有不同的台阶。

"你看这里，楼梯的坡度是固定的……"

"佩罗坦先生，您能给下面这道楼梯加一级台阶吗？"

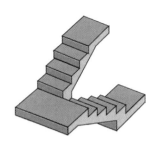

"好了。"

"还是下面，把平台延长两块。"

"完成。"

"然后在左边，再加两块平台。"

"？"

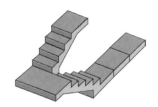

"您得了严重的几何谬误症，佩罗坦先生，您的楼梯首尾相接了。"

老师没有笑，但这个想法让他觉得很有趣。课程在轻松愉快的氛围中结束了。他拿起一杯朗姆酒，咽下蛋糕。爱丽丝喝了一杯倾斜草莓可乐。

"我们可以打开箱子了吧……"爱丽丝提议道。

这件物品似乎触动了佩罗坦先生。

"这四根粗糙地钉在一起的木板'首尾相接'，有点儿像我们刚才画的那道楼梯。它证明了几何谬误已经超出皇宫的范围，感染了最淳朴的人们。这件物品的创作者是一个普普通通的市民，他喜欢做手工，忠于皇权和官方承认的科学。太可悲了。

"这个荒诞的三角形可能是一个孩子钉起来的。"

"噢，孩子们经常随心所欲制作一些东西。"

"几何谬误蔓延到家庭中，比如这种玩具，甚至是多人游戏……

"你看，'数学大亨'（Mathopoly）是一种桌面游戏，上面有难度不同的路线。"

"其实，中间的路线不太明显。"

"这个平台上有一道小小的金属楼梯，可以避开很多格子。"

"这得倒立着走吧。"

"你想得到吗？他们管这个叫'逻辑游戏'！去看看那些严肃的东西吧……"

"我不知道它严不严肃，但它很美。"

"这一件特别棒，完好无损，用火山岩雕刻而成。伟大的艺术！"

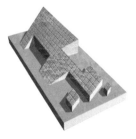

"它那么美，我都看不出哪儿有问题。"

"爱丽丝！"

老师迅速地用铅笔勾勒着。

"你现在知道问题出在哪儿了吧?"

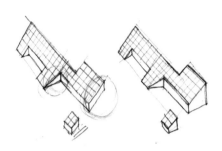

爱丽丝很喜欢看她的老师画画。她暗下决心装傻，好再享受一次这种乐趣。佩罗坦先生从箱子里拿出最后三件物品。

"这些，你看出问题所在了吗?"

"红色的斜面不可能存在，其他两个的垂直面是假的，看上去很不舒服。"

"这只是几个小玩意儿，可怜的人们买下它们，放在壁炉上。几何谬误变得随处可见，势力范围非常广泛。"

在几何王国度过的第二天以这几句可怕的话结束了。

尖角散步道

尽管这座城市看上去既锋利又尖锐，但尖角城的市民们既温柔又友好。有人说在尖角城"走得快会被扎到"，这句话毫无根据，不怀好意。然而，开车的人会告诉您，这里经常发生爆胎。

　　爱丽丝和老师乘坐的大客车早上七点从斜面邦出发，开往尖角城，一路上爆胎了两次。他们十点才到，迟了一些。佩罗坦先生很着急。他似乎知道自己要去哪儿，就"好心"地把爱丽丝一个人留在这座陌生的城市里，并嘱咐她研究那些多面体。这要是换了她的朋友们，可能早就愁坏了。他们约定下午五点在刺猬街的好味道酸酒吧见面。那是一家安静的酒吧，有一间舒适的小后厅，很适合工作和学习。

　　爱丽丝明白，她在好味道酸酒吧可找不到倾斜夫人那令人难忘的糕点，这里只有硬币糖——当地一种辣味的特产，难以下咽。

她在去见面地点的路上经过了著名的四面体巧克力店，在那里买了下午茶点心。点心有点儿贵，但她数了数身上的迈斯，发现自己还有足够的钱，可以送给老师一份由两种巧克力组成的四面体。

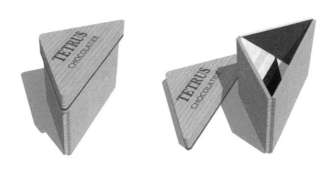

"你不用这么做的，爱丽丝，非常感谢，太多了。"

爱丽丝很失望，这个漂亮的盒子里只装了一点点巧克力。

"有一半是空的，不过味道应该挺好的。"

老师好心地纠正他的学生：

"有三分之二是空的：这个四面体的体积是外盒体积的三分之一。

这三块白巧克力四面体相当于大四面体的八分之三……

　　"这块黑巧克力相当于剩下的八分之五……"

　　爱丽丝开始为她的礼物感到遗憾，她应该送老师一份样子难看的朗姆酒浸蛋糕。再说，他就喜欢这种蛋糕，尽管看上去很傻。

　　不过，佩罗坦先生打开了话匣子：巧克力变成了几何模型，美食让位于教学。

　　"如果我给这块黑巧克力加一个白色的四面体，我就会得到一个立方体，它的体积等于六个白色四面体的体积之和。因此我们证明了四面体的体积是立方体体积的六分之一，也就是立方体体积一半的三分之一。那么，亲爱的爱丽丝，我们要把这些美味的巧克力分成两份。"

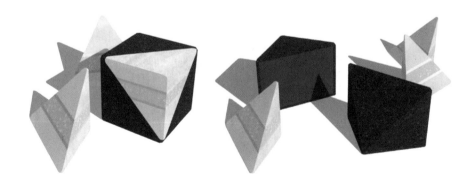

爱丽丝有点儿抗拒，但佩罗坦先生已经开始小心翼翼地把那块黑巧克力分成不一样大的两块；然后，他往大一点儿的那块上加了一个白巧克力四面体，往另一块上加了两个。爱丽丝坚持让佩罗坦先生先挑。他犹豫了一下，做出决定。两个人开始品尝，味道好极了。服务生给爱丽丝端来一瓶气泡水，给老师一杯蓟草啤酒。

佩罗坦先生心知肚明，他的教学被巧克力那令人无法抗拒的魅力打断了，他徒劳地思考着。如果他向自己的学生抛出那个可怕的问题："我刚才讲到哪儿了？"，就会使她陷入尴尬。

所以他要摆脱巧克力，迅速、清晰地再讲一遍：他要展示一个四面体的体积是它的底乘以高除以 3。就是这样！

"小立方体 p 的体积等于大立方体 P 的体积的八分之一。同理，内接于 p 的小四面体 t 的体积等于内接于 P 的大四面体 T 的体积的八分之一。

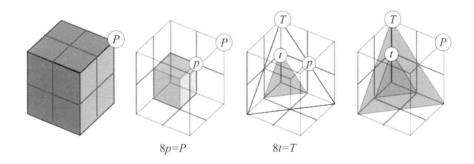

$$8p=P \qquad 8t=T$$

"在三个小四面体上增加几何体 V，得到大四面体 T。因为 T 等于 $8t$，所以 V 等于 $5t$。我在 V 上增加一个小四面体 t，得到小立方体 p 的体积，也就是 $6t$。

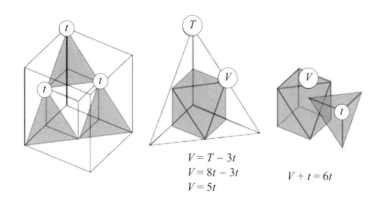

$$V = T - 3t$$
$$V = 8t - 3t$$
$$V = 5t$$

$$V + t = 6t$$

"所以 P 的体积等于六个大四面体 T 的体积。由此可以推出，P 的一半等于 $3T$，四面体的体积等于外接几何体体积的三分之一。所以巧克力的体积是底面为三角形的盒子体积的三分之一。证明完毕。

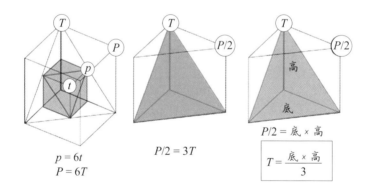

$$p = 6t$$
$$P = 6T$$

$$P/2 = 3T$$

$$P/2 = 底 \times 高$$

$$T = \frac{底 \times 高}{3}$$

"你喜欢吗?"

"我很喜欢把白巧克力小四面体放在黑巧克力上那一段。结尾倒是没什么新鲜的。"

"并不是所有的四面体都是巧克力做的，爱丽丝。你先来说说，什么是四面体?"

爱丽丝背诵起来："一个实心的四面体包括四个面,每个面有三条边。所以它有六条棱和四个顶点。一个多面体至少有四个面。实心的三面体是不存在的。我的小帐篷只有三个面,它是空心的四面体。

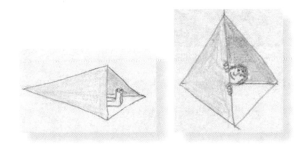

"如果我在一个四面体的每一个面上再加一个四面体,就会得到一个有着三个面乘以四,也就是十二个面的多面体……"

"一个十二面体。"

"十……十二面体实际上就是四顶点体,因为它有四个由三角形组成的尖角。"

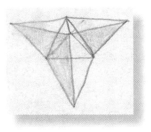
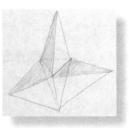

"这是一个气势汹汹的形状。警察把它们撒在马路上,好让歹徒的车爆胎。"

"四个四面体可以组成一只有十个面的狐狸，或者一只有八个面的青蛙。

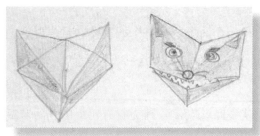

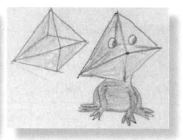

"这只贪吃的小鸡的嘴由两个四面体组成。当然，它们是空心的，所以每个四面体只有两个面。它们实际上是两面体吗？"

"不，没有这种几何体。"

"这只小鸭子会丧命在一个四面体中，而这条小鱼会被一张五面体的大口吞下。五面体的棱上镶着一圈可怕的牙齿。说到棱①，我画的这些鱼非常切题！"

①   在法语中，"棱"和"鱼骨"是同一个词（arête）。

佩罗坦先生迫切地希望重回正轨，让爱丽丝把她那不断扩张的动物园和鱼骨的故事先放一放……

"金字塔是五面体，由一个四边形的底和四个三角形的面组成。"

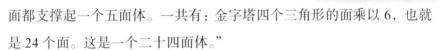

"对，我正好画了这么一幅画，一个不透明的立方体上有六座透明的金字塔。"

"很好，爱丽丝，你在立方体的每个面上都放了一座金字塔。那么立方体每个正方形的面都支撑起一个五面体。一共有：金字塔四个三角形的面乘以6，也就是24个面。这是一个二十四面体。"

"我不知道，而且永远不会弄明白的！相反，我知道……就算是金字塔，也害怕蜘蛛。"

"即使它吓得变形了，也依然是金字塔。你说得很对，因为金字塔不一定非得是规则的埃及式的，顶点也不一定在底面中心的上方。"

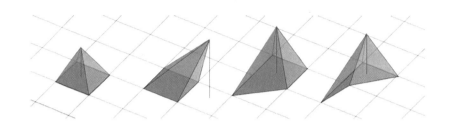

"在任何情况下，要计算金字塔的面积，我们都会把底面积和高相乘，然后除以 3。因为任何金字塔都由四个四面体组成，四面体的体积都等于 (底 × 高)/3。"

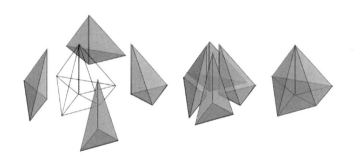

这句话之后短暂的沉默足以说明课程结束了。爱丽丝很高兴她不用要求佩罗坦先生展示他的几何谬误战利品，因为他已经迫不及待地翻起行李箱了。

"说到四面体……这些都是正四面体，它们的四个面都是等边三角形。"

"这些是宝石吗？"

"红宝石、绿宝石、蓝宝石、黄宝石和紫宝石。几何谬误很富有,因为它和国王一样,什么都不拒绝。"

"我没看出几何谬误对这些四面体做错了什么,它们很完美。"

"错误在这里:红色四面体和蓝色四面体相交的部分是个立方体!这是不可能的。立方体90°的角和四面体60°的角之间明显存在不一致。这种角度的偏差是王室藏品的典型特征。"

"贵吗?"

"非常昂贵。红宝石和紫宝石这个价钱,没什么好说的。可是,我用木头的价钱买到了这个东西(下左图)……"

"它由两个相同的正四面体组成。"

"正四面体,如果可以这么说的话。这三个三角形(下中图)只要一个的价钱。然后还有……这个,不值什么钱。这是一件艺术品,表现的是一个保护着正方形的三角形(下右图)。"

"太可怕了!"

佩罗坦先生不是一个大方的人，但他需要对学生的礼物表示感谢：四面体巧克力是一种友好的表示。好吧，他请爱丽丝吃晚饭。她高兴地答应了。什么时候？在哪儿？

现在是晚上六点，他们约好七点在毕加索饭店见，那是伊壁鸠鲁大街上一家时髦的小餐馆，离爱丽丝的青年旅舍不远。在此之前，佩罗坦先生一心扑在他的几何谬误上。爱丽丝可以在城里四处走走，她不会错过这个机会的。

现在堵车严重，太吵了！

来尖角城购物的立方市民一家

爱丽丝准时到达毕加索饭店。这里的氛围很好。佩罗坦先生在和老板——一个胡子没刮干净的尖角人聊天。他们彼此认识。"这是爱丽丝。"行完有点儿扎人的贴面礼之后，大家入座。

前菜有荨麻汤和海胆两个选项；主菜有豪猪薄片和剑鱼烤串两个选项；蔬菜有白胡椒芦笋尖，当然，还有自助硬币糖。爱丽丝有点儿为难，真的，她对这些菜肴丝毫没有胃口。老板毕加索看出她的尴尬，建议她来一份皮卡第比萨，这个没问题！

这段小插曲的重点不在于食物，而在于几何，因为吃完饭后，毕加索为爱丽丝准备了一杯叫作"仙人掌之刺"的鸡尾酒：三分之一的仙人掌糖浆加三分之二的黑刺李糖浆，味道好极了。

用来调制"仙人掌之刺"的就是这个漂亮的容器。毕加索送了一个给爱丽丝。这是一件很漂亮的纪念品，爱丽丝很开心。但她的老师忍不住想把话题拉回到几何。

他提醒学生，圆锥是由无数个高度相同、底面积无限小的四面体构成的，所以它的体积等于包含它的圆柱体积的三分之一。然后，他点了一杯"热辣尖角"：混合了三分之一的黑莓酒、三分之一的"刺猬"葡萄酒和三分之一的热辣杰克酒。

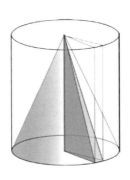

圆-圆筒城

燕子圆形广场

数学联邦使用的货币叫迈斯。迈斯的分币是一种小小的圆铁片，很快就能塞满口袋和零钱包，因为这里流通的货币只有迈斯和迈斯分。圆-圆筒城的商贩们被无数的小硬币搞得头疼不已，收银机里都放不下了，却不值几个钱，于是商贩们决定不管了：给顾客抹去零头。

　　早上九点，从尖角城开往圆-圆筒城的大客车把爱丽丝和老师带到了燕子圆形广场。佩罗坦先生安排好了一天的行程：他交给爱丽丝一张圆木俱乐部的入场券，这家俱乐部位于男爵路，只接待数学工作者。他晚上六点要在那里参加一场圆桌会议，会议由可敬的回旋教授主持，他是著名的研究圆的专家。佩罗坦先生将和爱丽丝下午五点在俱乐部碰面。

　　"如果你也想参加会议，我这里还有名额。"

　　"不用了，谢谢。"

爱丽丝在城里四处转了转，并画了很多幅画。下午五点，她到了圆木俱乐部。

她事先就想到了，这个地方有些陈旧，装饰都变成栗色的了，空气中飘浮着一股若有若无的南瓜的味道。店里播放着过时的音乐，是几首让人想跟着哼唱的老歌，几乎盖不住讨论数学的嗡嗡声。佩罗坦先生预订了一张桌子（圆的），给自己点了一杯"派"，也就是 3.14 分升啤酒。爱丽丝瞥见桌子上不怎么干净的圆圈，谨慎地点了一罐圆形可乐，还要来一根吸管。圆滚滚的服务员耳朵上戴着一个圆环。他和佩罗坦先生很熟，端来一盘招牌菜——圆切片，爱丽丝扫了一眼，她是不会碰的。

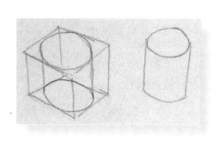

佩罗坦先生示意他的学生，他的橙色行李箱很轻，他沮丧地叹了口气，但当他看到爱丽丝从速写本上撕下一页白纸，把它像一张餐巾纸那样铺在卫生情况可疑的桌面上，再小心地把白天的画作放在上面时，他又打起精神来了。

这幅画的意思很清楚，他几乎没有什么可说的，但他还是开口了："我们来谈谈圆柱。"老师掌握着话语权。

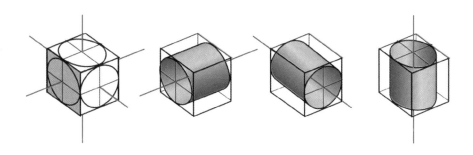

　　"你的圆柱规规矩矩地嵌在一个立方体之中，圆柱的底是一个内切于立方体某一个面的圆。这是一个直圆柱，因为它的轴垂直于底。"

　　"这是三个要垂直使用的直圆柱。它们是中空的，这样帽子才能盖住并保护脑袋，上面由一个完整的圆封住。

　　"我还画了一个大火箭。我觉得它还没准备好起飞，因为红色的油漆还没干，圆柱上的方格图案也需要修改。"

　　"你的帽子和火箭都是空心圆柱。一条垂直线围绕一条垂直轴旋转，就会形成一个空心圆柱。这条垂直线被称作圆柱的'母线'。空心圆柱和实心圆柱正好互补。实心圆柱是由底面在垂直方向上运动形成的。"

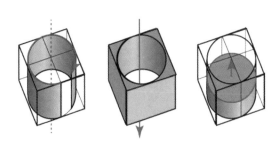

　　"所以这些围成圆柱形围场的竖立的木板就是母线。"

"对，它们是母线，但你的围场看上去太像斗牛场了。如果我是牛，会觉得很不安。"

"确实是这样。这里还有一幅画，恐怕也会让您有点儿紧张。"

"我看到立方体上凿出了一个凹进去的半圆柱。我还猜到接下来将会上演一场悲剧。"

"放心吧，佩罗坦先生，没有人会掉进这口井，这座城堡也不闹鬼。"

如果佩罗坦先生肯花点儿力气数数有几支蜡烛的话，他就会明白今天是爱丽丝的生日，她十三岁了。她不指望老师有多热情，也不期待收到礼物。早上她想起办不了家庭聚会，收不到各种礼物，一阵淡淡的忧伤将她带到玩具店的玻璃橱窗前，她有感而发，画下了几幅画……

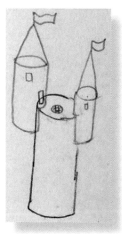

人们从来没有完全意识到，十三岁的女孩有多喜欢电动火车。爱丽丝特意在这幅漂亮的画里塞满了圆、圆弧以及空心和实心的圆柱。

"这幅画中的奶牛是为了说明这列蒸汽火车是玩具。蓝色车厢是敞篷的，刚刚穿过隧道的时候，乘客们感觉可不怎么样。餐车就舒服多了。后面跟着一节货运车厢，运送从地里收获的水果和蔬菜。还有一节装甲保险车厢，可以从一扇圆筒形的门进出。"

在圆木俱乐部咕咕哝哝、昏昏沉沉的氛围中，爱丽丝的画就像阳光一样带来活力。

佩罗坦先生没有什么要补充的。于是他决定给爱丽丝露一手。

"我给你看样东西。

"展开一个内切于立方体的圆柱的侧面。圆形底面的半径为 R，周长为 $2\pi R$，圆柱的高为 $2R$。所以圆柱的侧面积为 $2\pi R \times 2R = 4\pi R^2$，也就是圆柱的底面积（$\pi R^2$）的 4 倍。我从圆柱的侧面积上截取四分之一。"

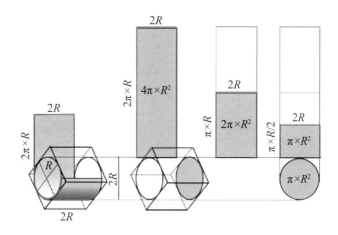

"也就等于圆形底面的面积。"

"完全正确。你知道怎么画一个面积和已知长方形相等的正方形吗？"

"嗯，运用毕达哥拉斯定理（即勾股定理）……用圆规，很简单的……我想不起来了。"

　　"在 AH 的延长线上截取 HB 等于长方形的宽，找到 AB 的中点，以 AB 为直径作半圆。根据毕达哥拉斯定理：

> 直角三角形的高将斜边分成两段，这两段斜边相乘等于高的平方。

　　"已知直角三角形 ABC，高为 CH。那么，以 CH 为边长作的正方形和已知长方形面积相等，也就等于圆柱的底面积。作一个与已知圆面积相等的正方形，这就是化……化圆……"

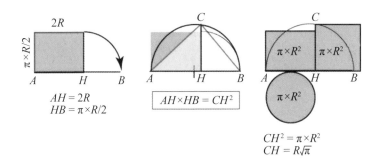

　　爱丽丝讨厌这种猜谜游戏，马上答道：

　　"化圆为方，不过我一直以为这是不可能的。"

　　佩罗坦先生对自己非常满意。

　　"当然不可能！因为 π 等于 3.141 592 653 589…。想想吧，π 的平方根！"

　　他记得住 π 的小数点后十二位，这可不是谁都能做到的。但爱丽丝对这一成就丝毫不在乎。还有几幅画要看，然后是一些几何谬误样品，看上去没多少。今晚青年旅舍有一场可丽饼派对，他们不会在这里过夜。

"这是一件给男孩玩的玩具，它是扛不住炮击的。

"游戏的内容就是动手建造一处中世纪遗址。一旦城堡被摧毁，年轻的战士就要用石头一块一块地把它重建起来——如果他想再摧毁一次的话。干得漂亮！

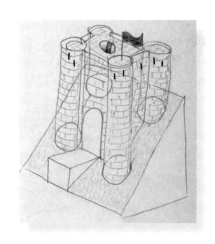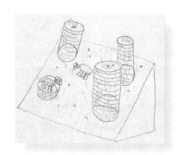

"这是两条脏兮兮的管道，一条向可怜的小溪排放着什么东西，另一条吐出一股黑烟。它们都从一个斜面上伸出，很难画。"

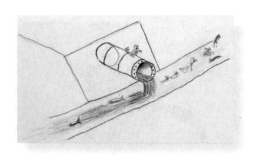

"圆柱和斜面相交，形成一个椭圆。我承认椭圆很难画。因为有点儿像鸡蛋，所以接近椭圆的形状被称作'卵形'。"

"我很喜欢'鸡蛋'这个说法，或者'土豆'。"

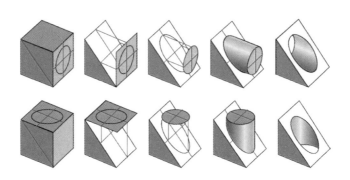

圆木俱乐部的时钟显示已经下午五点半了，数学家们纷纷起身，有些人拥向入口，回旋教授的圆桌会议快开始了。此时此地不应该拿出几何谬误样品，佩罗坦先生执行的可是绝密任务。不行。爱丽丝坚持着：

"先生，今天是我的生日，我还有一场可丽饼派对要参加。只要五分钟，我就不再缠着您了，求求您……"

"好吧，抓紧时间。毕竟关于圆柱的几何谬误样品很少，甚至可以说根本没有。"

行李箱里传来叮叮当当的声音。

"这些不可能存在的圆柱体是铜片做的，我推测它们用于祭祀，但

我不太确定。它们太美了，不像是真实存在的，我觉得我落入圈套了。"

"在圆－圆筒城，尤其要当心'圈套'。"

"这个玩笑很有趣。

"这一件样品是真实存在的。三个分不开的圆环，象征着'三位一体'：几何圣母、迈斯那科圣子和几何谬误圣灵。快，我们收拾起来吧。"

必须马上收拾，片刻都不能耽搁，因为回旋教授从圆木俱乐部的暗处现身，朝这边走过来了。太迟了，他看到了"三位一体"！

"啊，佩罗坦，您在这儿！"

"教授，这是爱丽丝，我的学生。"

爱丽丝站起来，优雅地鞠了一躬，但回旋教授的目光仍然聚焦在"三位一体"上。佩罗坦先生绝不想声张自己的研究，因而忧心忡忡。教授稳稳地捧起这件物品，上下翻看，把它放回桌上，然后摘下眼镜，皱着眉头仔细检查。正当他小心地用丝质领带擦拭眼镜时，爱丽丝从速写本中抽出一幅画，热情地递到教授面前。

"先生，今天我们研究了三个直径相等的圆环，它们交叉在一起，三个圆心相连，构成等边三角形，边长……"

"这幅画完美地再现了博罗梅奥圆环！牛不能没有青草、干草和水。这幅画寓意深刻，十分恰当，清新自然的风格为它注入了活力……"

在好学生模式下，爱丽丝无可挑剔。佩罗坦先生觉得她过于夸张了，但这一招确实奏效。有人高声提醒回旋教授，时间到了，该走了。

"爱丽丝，我邀请你参加圆桌会议，坐在我的旁边。"

佩罗坦先生打了个岔：

"很遗憾，爱丽丝今天晚上有作业，她得复习三角函数表。"

爱丽丝补充道：

"抱歉，先生，我本来很愿意……"

回旋教授被他的仰慕者们团团围住了，"三位一体"好好地待在行李箱里，问题解决了，两个人面露微笑。

"生日快乐，爱丽丝！"

注释

＊ 毕达哥拉斯定理的应用

在出发去球体城之前，别忘了毕达哥拉斯定理的应用，它可以解决化圆为方的问题。

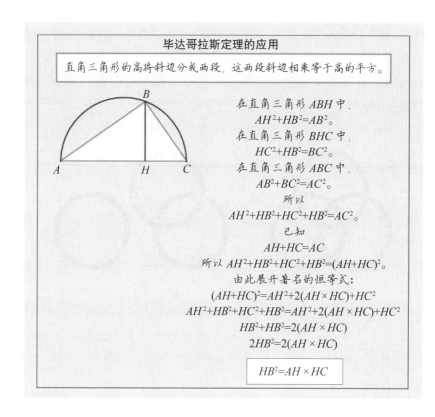

毕达哥拉斯定理的应用

直角三角形的高将斜边分成两段，这两段斜边相乘等于高的平方。

在直角三角形 ABH 中，
$AH^2+HB^2=AB^2$。
在直角三角形 BHC 中，
$HC^2+HB^2=BC^2$。
在直角三角形 ABC 中，
$AB^2+BC^2=AC^2$。
所以
$AH^2+HB^2+HC^2+HB^2=AC^2$。
已知
$AH+HC=AC$
所以 $AH^2+HB^2+HC^2+HB^2=(AH+HC)^2$。
由此展开著名的恒等式：
$(AH+HC)^2=AH^2+2(AH×HC)+HC^2$
$AH^2+HB^2+HC^2+HB^2=AH^2+2(AH×HC)+HC^2$
$HB^2+HB^2=2(AH×HC)$
$2HB^2=2(AH×HC)$

$$HB^2=AH×HC$$

经过毕达哥拉斯复杂的论证之后，泰勒斯[①]的回答就简洁多了：

在直角三角形 ABH 和 BCH 中，
$\angle ABH=\angle BCH$，$\angle BAH=\angle CBH$。
因此 $\triangle ABH$ 相似于 $\triangle BCH$。那么

$$\frac{AH}{HB}=\frac{HB}{HC}，也就是$$

$$HB^2=AH×HC$$

① 泰勒斯（约公元前 624—公元前 546），古希腊思想家、科学家、哲学家。

＊　博罗梅奥圆环

博罗梅奥圆环象征着 14 世纪意大利三大家族的联盟：维斯孔蒂家族、斯福尔扎家族和博罗梅奥家族。只要其中一方背叛，这个三方联盟就不复存在，这就是为什么拿走一个圆环会解开另外两个。

我们同意回旋教授的看法，爱丽丝那幅画中关于牛的寓意很受欢迎。

这三个圆环和之前的圆环不同，没有形成博罗梅奥圆环，如果其中一个圆环消失，另外两个依然连在一起。

气泡广场和球体大道

球体城为拥有星象仪和天文馆而感到自豪。每年冬天，城里都会举办雪球比赛，夏天则举办滚铁球锦标赛。常有流言蜚语，说球体城市民脑袋空空，只喜欢寻欢作乐。

在球体大道上散散步确实是个不错的选择，那儿的流动商贩们叫卖着保加利亚肉丸，令人垂涎欲滴。

多么令人惊喜啊，回旋教授跟爱丽丝和佩罗坦先生搭乘同一班旅游大巴。他受球体城天文馆邀请，来此参观。

回旋教授坐在佩罗坦先生旁边，他们全程聊着圆和球体的事情。从圆－圆筒城到球体城需要将近一小时，爱丽丝躲在大巴后座，她注意到佩罗坦先生很高兴总算到了目的地。

为了摆脱回旋教授，安心处理自己的事务，佩罗坦先生毫不犹豫地建议教授带爱丽丝去天文馆逛逛。太狡猾了！爱丽丝只得答应。

和往常一样，爱丽丝和佩罗坦先生约定下午五点见面，这次是在摇奖广场的滚球咖啡馆。而且，和往常一样，他又迟到了。

咖啡馆的老板好像叫博利瓦，是佩罗坦先生的朋友。他说话带着浓重的球体城口音，眼珠滴溜溜打转，一脸欢快地招呼爱丽丝："最近怎么样，小姑娘？"爱丽丝没吭声。她上午和回旋教授打交道，现在又面对着眼球突出的博利瓦，所以很高兴看到佩罗坦先生带着橙色行李箱冲进来。爱丽丝打开一幅大大的画给他看。

"您知道的，我整个上午都和您亲爱的朋友回旋教授待在天文馆。我了解到太阳系有八大行星，所有行星都是球状的，包括地球。

"如果不是学习过这一点，我们几乎无法相信地球是一个球体。需要跑到大约 13 000 千米之外，才能看出地球是一个完整的球体。"

"地球的直径刚好也是大约 13 000 千米。要看到一个占据整个视野范围的球体的完整轮廓，就得跟球体表面保持与直径相等的距离。"

"航天员就是这么说的：在这样的高度上，可以看见整个地球。您觉得有什么问题吗？"

"什么叫看见整个地球？"

"当然，航天员看不见地球背面，只能看见地球的一半。"

"在这样的距离之外，他只能将将看见地球的三分之一。我们来算一下。

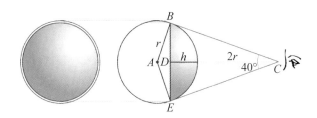

"半径为 r 的球体的表面积等于 $4\pi r^2$。能被看见的那部分球体高度为 h，表面积等于 $2\pi rh$。

"直角三角形 ABC 与 ADB 相似。$AC=3AB$，所以 $AB=3AD$，$AD=r/3$。$h=r-AD$，所以 $h=2r/3$。

"能被看见的部分的表面积为 $2\pi rh$，将 h 的数值代入，结果等于 $2\pi r \times (2r/3)$，也就是 $4\pi r^2/3$，即球体表面积的三分之一。"

"我想，我离得越远，我看见的表面积就越大；要看见地球的一半，就得离得无限远。"

"你说得对。但如果离得无限远，我们就什么也看不见了。站在太阳上，我们用裸眼是看不见地球的。"

爱丽丝很难想象站在太阳上，那里可有 5000 摄氏度，还要用裸眼搜索地球……

佩罗坦先生翻着他的三角函数表。

"$\sin\angle BCA = AB/AC = 1/3 \approx 0.33$。由此推算，$\angle BCA$ 为 19° 至 20°。$\angle BCE$ 为 38° 至 40°，正是人类垂直视野的角度，你的航天员也一样。"

"我觉得回旋教授很有魅力：他忍住了没塞给我一大堆方程和三角函数，也不要求我给他演示，甚至不要求我理解什么，只是让我观察。"

"这有点儿小瞧你了吧。"

"这令我感到放松。"

"数学联邦最近登陆了南极洲。他们计划建一座行星观察基地，我把草图画了下来。人们在冰层下面通行，太棒了。"

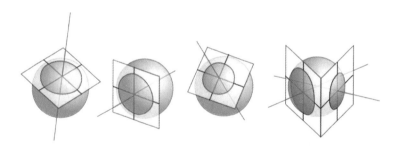

"我注意到你的球体和平面相交，产生的形状总是圆，这很好。从这些圆的圆心所作的垂直线经过球心。

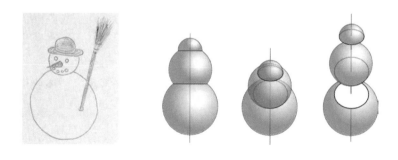

"两个球体相交，形成一个圆。

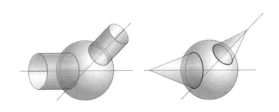

"圆柱或圆锥与球体相交，只要它们的轴经过球心，产生的形状就是圆。

"如果圆柱或圆锥的轴不经过球心，二者相交形成的就是一个复杂的曲面，这已经超出授课范围了。"

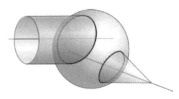

"课上完了吗?"

"还差演示怎样计算球体的表面积和体积，不过，算了吧。"

"我很喜欢您的课，既迅速又全面。在话题转向几何谬误之前，我想给您看看这件刚买的纪念品……

球体城纪念品

"这是一个智能水晶球。"

"智能?"

"您知道的,如果我们把一个球放在架子上,它很可能会滚下来。但这个球不会:它会停在底座上,那是一个嵌在水晶里的金属小圆锥,顶点刚好和球心重合。水平条纹很规则,既科学又美观。这是水晶做的,我爸妈会喜欢的。"

很明显,佩罗坦先生已经非常喜欢这件纪念品啦!爱丽丝对这次购物感到很满意。佩罗坦先生拿起水晶球仔细观察,仿佛它有种魔力。爱丽丝在心里嘀咕着,不知道老师是不是被施了咒。

"这个球把一切讲得清清楚楚:条纹可以告诉我们球体的表面积,圆锥可以告诉我们球体的体积。"

"我已经记住了,球体的表面积是 $4\pi R^2$,体积是 $\frac{4}{3}\pi R^3$。我看不出这个球还能告诉我什么。"

"人类有足够的时间记住这些公式,它们是阿基米德在公元前 3 世纪发现的!可这些公式不是从天而降的,他仅仅通过推导得出公式,没有进行计算。为了得到结果,他甚至需要想象'无限'的概念!这可真是一种享受。"

爱丽丝没有像老师一样享受到其中的乐趣，但她为自己的水晶球感到自豪。然后，佩罗坦先生提到了阿基米德——糟糕。

"假设你这个球的半径为 R。想象有一条半径为 r 的球面圆环带子，周长为 $2\pi r$，宽度为弧 ab。如果带子非常窄，a 和 b 之间的距离缩小，弧 ab 就可能等同于线段 AB。所以它的表面积等于 $AB \times 2\pi r$。

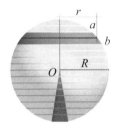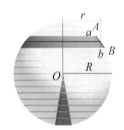

"这里需要一点儿几何知识：两个直角三角形各条边互相垂直，二者相似。老泰勒斯早在阿基米德之前一百年就说过，$r/R=BC/AB$，所以 $r \times AB = R \times BC$。

"两边都乘以 2π，得到 $2\pi r \times AB = 2\pi R \times BC$。球面圆环带子的表面积等于圆柱状带子的表面积。

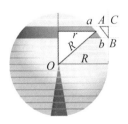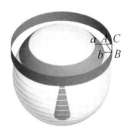

"所以球面圆环带子总和的表面积也就等于圆柱状带子总和的表面积，前者形成球体，后者形成外接于球体的圆柱。圆柱的周长为 $2\pi R$，

高为 $2R$，表面积等于 $4\pi R^2$。所以球体的表面积也就等于 $4\pi R^2$。"

"我一直有点儿难以想象无限的概念。无限根无限窄的带子……带子越窄，数量就越无限大。我更喜欢零。"

"零在几何学里毫无用处。"

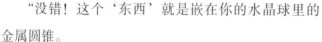

"我猜推导体积的方法和推导表面积一样，球体的体积也是无限多无限小的东西的总和吧？"

"没错！这个'东西'就是嵌在你的水晶球里的金属圆锥。

"想象一下，有很多以球心为顶点的圆锥，圆锥越来越小，越来越多，但高度维持不变，直到它们极小的底面完全铺满整个球体表面。这也就是说？"

爱丽丝可受不了别人突然叫她，比如被问："你睡着了吗？"她慌乱地报出了 $4\pi R^2$ 的答案。

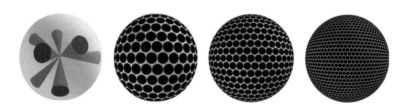

"球体中间的大圆半径为 R，面积为 πR^2。半径为 $2R$ 的圆的面积为 $\pi(2R)^2 = 4\pi R^2$，也就是球体的表面积。

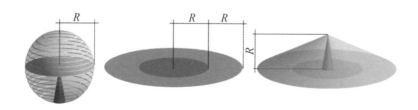

"这个表面积是无数高为 R 的圆锥的底面积的总和，阿基米德由此推论，底面积为 $4\pi R^2$、高为 R 的圆锥体积与球体体积相等，也就是 $4\pi R^2 \times \dfrac{R}{3} = \dfrac{4}{3}\pi R^3$。"

"简单地说，只要想象有这样一个圆锥就可以了，它和球体表面积相等，高为球体半径。迈斯那科一世国王应该会喜欢这个想法的。"

爱丽丝把水晶球放回盒子，佩罗坦先生示意博利瓦给爱丽丝端来一碗气泡水——气泡和弹珠一样大，又让他给自己上了一碗同样满是气泡的啤酒。只有在球体城才能见到这样的气泡。它们会在你的面前噼啪作响，好玩极了。

佩罗坦先生环顾四周，然后从行李箱里拿出几何谬误样品。他有点儿不安，因为他匆忙拿出来的是一件小小的珍品。师生二人窃窃私语。

"这是用金子做的吗？"

"22K 金。这是用来给国王养蛇的，不折不扣的'毒蛇窝'。"

"很值钱吧？"

"我想是的。"

爱丽丝明白不能耽搁。这件精美的样品被小心地收回行李箱。

"据说这个立方体和内切于立方体的球体体积相等。把球体化为立方体就像化圆为方一样困难，非常巧妙，让人摸不着头脑。"

"似乎可以把球体从一个比它还小的圆洞塞进立方体里面。他们真是什么都做得出来。"

"这些是给孩子们玩的弹珠。也有滚球那么大的，但那样就太重了。它们都是残缺的。玩法就是瞄准其他弹珠，由于它们不能直线前进，因此弹珠残缺得越厉害，得分就越高。"

"我这些甜瓜画得怎么样？"
"很漂亮，你是一名优秀的学生。"

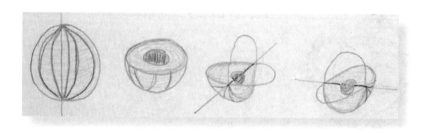

"敬球体城。"
佩罗坦先生收起弹珠，喝光了气泡啤酒。
"谢谢您，老板。再见，爱丽丝。"
"明天见，老师！"

大蝴蝶结立交桥

城市周围起伏的丘陵预示着离中央高原不远了。从球体城到曲线－波浪城，一路上有33个弯道，全都向左转。佩罗坦先生认为，这条路是迈斯那科一世统治时期设计的。据说这座城的人早上看一件东西还是黑的，下午就变成白的了。城里居民的想法确实像波浪一样起伏不定。这座城市拥有一所历史悠久的机械学校并引以为豪。它与一座中国城市结为友好城市。

　　爱丽丝和老师约在螺旋街的扭扭·贡多拉诺的店里见。这是一家意大利咖啡馆兼餐厅。这座城市的地图太复杂了，而且人们正在庆祝结为友好城市的事情。爱丽丝费了些工夫才找到地方，她向当地人问路，但他们的回答都拐弯抹角、模糊不清，结果她迟到了。不过佩罗坦先生还没到。老板扭扭·贡多拉诺事先知道他们要来，他是个和蔼可亲的人，连连鞠躬。爱丽丝看了青年旅舍的菜单，晚饭是细面条。店里则供应令人食指大动的招牌意式馄饨。快到晚上六点了，佩罗坦先生还是没来。爱丽丝画起画来。

　　爱丽丝离开法国已经整整一周了。她笔下这座经过精心修剪的法式园林是不是流露出一丝忧伤呢？王子和公主的主题体现了对童年时光的回忆，表达了思乡之情。不管怎么说，这些弯曲的物体无可挑剔，波浪状的旗子随风飘扬。

　　不得不说，几何王国是一个奇怪的国家，曲线－波浪城也是一座独特的城市，爱丽丝坐在一家看上去洋溢着意大利风情的餐馆里苦苦等候，而今天曲线－波浪城正在庆祝中国的春节——这一年是蛇年。爱丽丝真想问问自己到底生活在哪个国家。

一阵乡愁涌来……

城市笼罩在喜庆的氛围之中，像狂欢节一样，处处都是锣鼓声和鞭炮声。一条恶龙追着一条好龙，恶龙的背高高拱起，跳跃着前进，而好龙一边爬行一边左躲右闪，避开恶龙。爱丽丝很好地抓住了龙的爬行动作的特征，她很怕蛇。(佩罗坦先生到底在干什么?)

蛇年! 那有没有蚯蚓年或毛毛虫年呢?

进店之前，爱丽丝跟着庆祝春节的游行队伍一直走到了蜗牛壳将军广场，那里正在举行嘉年华，中国味儿淡了一些。

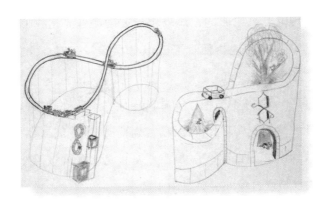

爱丽丝讨厌那些剧烈晃动的游乐设施，她更喜欢待在过山车下面，听游客们惊恐地大叫。我们可以想象一列古老的过山车，在鸟鸣中晃晃悠悠地穿过树丛。

时间一分一秒地过去，佩罗坦先生还是没来。他在搞什么花样呢? 爱丽丝开始画绳结。

画绳结很简单，只需要花点

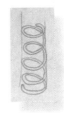

儿时间，集中精力，非常适合抚平她焦躁的心情。

佩罗坦先生总算来了！他迟到了一小时，上气不接下气，头发乱糟糟的。爱丽丝既因为看到他而高兴，又因为等了这么长时间而不高兴，所以正负抵消，没什么感觉。老师道了歉，给自己找各种借口，还向爱丽丝保证她的等待不会白费。他把一团东
西放到桌上，相信它们一定会让学生的心情好起来。这一招立马奏效。

这团绳结由五个扭曲的金属环组成。爱丽丝看出它们具有几何谬误时代的风格，然而这些环看上去像是真实存在的，没有偏离常识。佩罗坦先生证实了这一点：

"恕我直言，这并不是纯粹的几何谬误。这些样品是一些当地人在曲线城设计的，他们反对几何谬误，被称作'单侧曲面者'。迈斯那科的御用'数学家'们宣称这一派是歪理邪说，而我想，是曲线城居民摇摆不定的性格使这场冲突得以归于和平。"

爱丽丝拆开绳结，摆弄着这些金属环，感觉不到几何谬误引发的视觉矛盾。不过，这些环还是很奇怪。她一个个地观察起来。

俯视图

后视图与仰视图

　　环的横截面是正方形。如果我们用手指沿着四个侧面之一转一整圈，很快就会发现手指落到了相邻的侧面，依此类推，不用抬起手指就能转完四个侧面。同样，如果我们沿着一条棱前进，就能转完四圈。

因此可以说，这些样品只有一个面和一条棱，这就是单侧曲面。从一张纸上剪下来的圆就不是这样：它有一条棱和两个面，属于双侧曲面。

　　看到这件样品，爱丽丝往后退了一步：它被玷污了。

　　"这件小小的杰作是失败的单侧曲面，染上了几何谬误：这实际上是个四边形。"

　　老师从他那堆乱七八糟的东西中拿出几张旧图纸。

　　"我想单侧曲面者出现在了机械学校里，你看，他们在那里愉快地实践着几何谬误。"

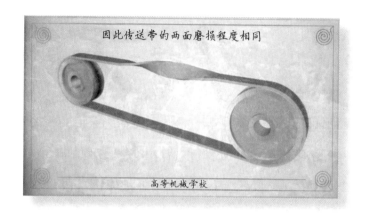

因此传送带的两面磨损程度相同

高等机械学校

"这就是基本图纸。传送带的横截面是一个四边形，包括和滑轮接触的两个转动的表面，还有两个相当于传送带厚度的'侧面'。首先，传送带被切断，其中一端被扭转180°，然后和另一端接起来。两个转动的表面只剩一个，两个侧面同样也是连在一起的。四边形变成了有两条棱的双侧曲面。"

"您能讲得更明白一些吗？我可以理解当传送带被扭转的时候，两个相反的表面连在一起，但四条棱变成两条，我有点儿迷糊。"

佩罗坦先生不能忍受别人不理解他的话，爱丽丝的话让他很是意外。

"左边是传送带的横截面$ABCD$。一旦被扭转180°，转动的表面AB就和与之相对的表面CD结合，侧面AD也和与之相对的侧面CB结合。经过A的棱和经过C的棱连在一起——这是第一条棱，经过B的棱和经过D的棱连在一起——这是第二条棱，懂了吗？"

爱丽丝点点头。她很清楚老师不会再解释第二遍。他继续说道：
"我们给每个面涂上不同的颜色，这样可以更好地理解扭转。

"普通的传送带有四个面。左边的那条只是一端被翻转了一下（180°），没有被切断。很明显，两个转动的表面磨损程度相同。而右边那条先被切断了，其中一端被旋转了整整一圈（360°）。它还是有四个面，但完全没法使用了。"

爱丽丝很开心每天重复的几何课有了新的形式。他们不再计算，而是切断、扭转和组合。
"怎么才能让它只有一个面呢？"
"扁平的传送带是不可能做到的，这需要四个面宽度相等。

"如果我把一条横截面为正方形的传送带扭转四分之一圈，它就只有一个面了；如果扭转半圈，它就会有两个面。"

"如果扭转四分之三圈，它就又只有一个面了；而如果扭转一整圈，它就会有四个扭曲的面吗？"

"完全正确。你觉得这两个圆环怎么样？"

"它们都有两个面：它们都是正方形的管子被扭转180°，再被焊接成圆环。"

"看来你都懂了。让我们圆满地收尾吧，看看这件小小的单面艺术品。它用无限的方式表现出密不可分的'三位一体'。"

爱丽丝爱不释手地把玩着这个圆环，总算有一件令人着迷的样品不属于几何谬误了！

他们聊了很久，时间一分一秒地过去，店里忙得不可开交，到处

坐满了人，一盘盘热气腾腾、香气四溢的意大利面从厨房里端出来。

佩罗坦先生把那些圆环收进行李箱，爱丽丝趁机瞥见了几何谬误的样品。面对她好奇的目光，老师指指满是客人的大厅："不行，没门儿！"他们待会儿再看。爱丽丝很失望，站起来打算回青年旅舍，那儿还有一大盆细面条等着她呢。佩罗坦先生看在眼里，于是友好地邀请她共进晚餐。爱丽丝表面上推托了几句，优雅地又坐下了。

意大利面味道很好，但要承认，用叉子挑起并卷好面条并不是一件容易的事，面条上流淌着酱汁，奶酪丝也一点儿都帮不上忙，所以这是一道需要集中精力的菜。邻桌的客人只顾应付盘里的食物，佩罗坦先生认为他可以再友好一次，小心翼翼地在桌下拿出他引以为傲的几何谬误战利品，让迫不及待的爱丽丝看看。

"这些样品来自机械学校的地下室。那里横七竖八地堆满了不再使用的机器和人们丢弃的废铁。档案员曾经以为这都是学生们搞砸了或未完成的作品。现在我告诉了他真相。研究完这些样品，我就得还回去。"

"这些样品到现在还没有从您这里被偷走，看来几何谬误的处境不是很安全。"

"你这是跟谁说话呢！"

要点菜了。这里的特色菜是乌龟螺旋面，也就是乌龟味的。爱丽丝不想吃这个，她选了招牌意式馄饨，而佩罗坦先生决定点综合螺旋面，一半乌龟口味，一半常规口味。

　　这顿晚餐吃得愉快又热闹。从立方城的边防检查站起，发生了各种事情，他们已经有很多回忆可以讲。佩罗坦先生相信自己已经培养出了一种敏锐的直觉，可以辨别几何谬误。爱丽丝表示同意和赞赏。

　　如果佩罗坦先生知道盘子里是什么，他就不会这么自吹自擂了。

　　从左到右，我们有管状螺旋面、乌龟螺旋面和意式馄饨。我们不是专家，但这些面食肯定属于几何谬误。它们被煮沸、混合并浇上番茄酱之后，确实不容易分辨形状了。老师和学生吃得很香……由此我们可以得出结论：几何谬误并不会改变面条的味道。

中央高原

波浪山谷

中央高原不够高，没法开展冬季运动；它也不够低，没法轻轻松松地穿越。几条不好走的路经过山口，通向中海。这里是徒步爱好者的天堂。每逢周末，曲线城、球体城甚至圆筒城的人都会来这里呼吸纯净的空气。

圣峰村在高原上，位于国道的尽头。再往后就是山区了。

　　曲线城和圣峰村之间没有固定的交通方式。佩罗坦先生通过扭扭·贡多拉诺的介绍，找到一位曲线城居民，他要在午饭后开车去圣峰村，可以捎上他们。佩罗坦先生还有时间把新发现的几件几何谬误样品寄走，而爱丽丝也来得及寄几封信。

　　那位曲线城居民是个铁匠，性格孤僻。他开的是一辆20世纪60年代生产的小货车，散发着兔子窝的气味。他出发前在贡多拉诺的店里大吃大喝了一顿。他一言不发，像只粗野的大猩猩。旅途快结束时，佩罗坦先生和爱丽丝才弄明白他去圣峰村是为了送一台他焊接好的化油器。一路上风景优美，但爱丽丝只盯着公路、弯道和峭壁看。

其实，他们都是去高原膳宿旅馆的，这是一座迷人的建筑：露在外面的梁、石头砌成的墙、大大的壁炉，店里散发着饭菜的香气。老板苏珊是个红发美人，照料旅馆的一切事务，包括打理花园和喂养鸡鸭。此外，她还会驾驶塞斯纳 172，载着游客们在中央高原上空盘旋。那是一架四座小飞机，只需要五百米长的平地就可以起飞、降落。山谷上方，一片突出的草地充当跑道，不足四百米长。起飞的体验令人难忘。

飞机这会儿出故障了：那个化油器就是为它而准备的。苏珊很想把它修好，但至少需要两三天。真是不走运，佩罗坦先生原本打算第二天就坐飞机飞越中央高原。

苏珊带他们去房间。爱丽丝从窗口望出去，看见花园里有一群母鸡。母鸡睡在一架看上去破破烂烂的小飞机里，舱门打开着，发动机罩散落在一边。她打了个寒战，披上一件厚外套，下楼走向吧台。她被自己听到的对话吓了一跳：佩罗坦先生向苏珊提议由他来修理飞机，他说他知道怎么安装化油器。很明显，苏珊被说动了。爱丽丝不出声地给她递眼色："不，万万不可！"白费力气，苏珊似乎已经被迷住了。佩罗坦先生第二天一早就开工。这会儿是下午五点，该上几何课了。苏珊把两位客人带到壁炉旁的位子。"不来点儿什么吗？"苏珊转身走向吧台，爱丽丝无意中发现佩罗坦先生的目光在苏珊身上停留了片刻。他肯定状态很好，爱丽丝觉得苏珊状态也很好。而他们要讨论的形状和课程的走向密切相关。

"我们之前研究的都是几何学中的形状，而现在面对的是大自然创造的形状，山脉、山谷创造的形状……要在这些形状上居住，在其间通行、灌溉，就要理解这些斜坡、低谷和地势的起伏，在平面上表示高低不平的地形，呈现出高度。大概两百年前，一些有耐心、有条理的军人负责绘制法国地形图，连最小的溪流也不放过。他们发明了等高线。

苏珊航空
冲上云霄，翱翔天际，特技飞行。请咨询圣峰村高原膳宿旅馆。

"等高线指的是把地面上所有高度相同的点连接起来的水平方向的线。这条地面上并不真实存在的线被按照地图比例尺缩小（如果地图比例尺为1∶10 000，则缩小为原来的1/10 000），绘制在纸上。很明显，等高线缩小得越少，表现的内容就越详细。等高线的旁边总是有个数值，标出高度。这样一来，平面的地图就可以让人们理解和研究地势的高低起伏。如果地势变化很规律，就会得到相同的等高线，但旁边的数值不同。

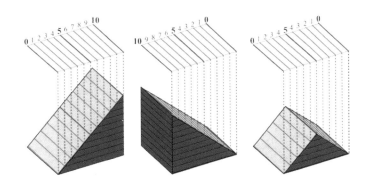

　　"你看，如果这些线旁边没有数值，我们就没法在地图上区分这三个形状。为便于理解，这里的等高线是平行的直线，而在现实中，这种情况是极为罕见的。"

　　"笔直的等高线，我理解了。"

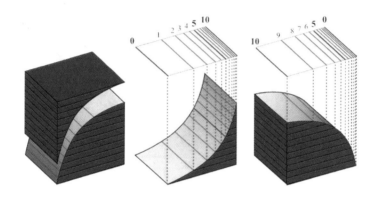

　　"这两个互补的形状在水平面上投影出相同的线条，同样，用标高数值来区分它们。"

　　爱丽丝从窗口看到的那座山既没有等高线，也没有数值。这一切都是理论上的，她觉得有点儿无聊。佩罗坦先生还得加把劲儿。

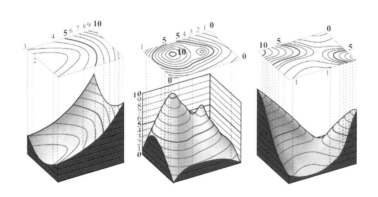

"这些等高线描绘出了复杂的形状：一条山谷、两座山峰和一个山口。

"这些是悬崖。一面悬崖可能是接近垂直的。在这种情况下，等高线会在平面上重叠到一起。"

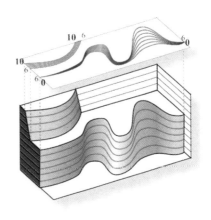

苏珊面色红润，端着啤酒经过，发现这节课跟地图有关。她好心地推荐自己的地图，它们放在吧台下面的一个纸箱里："我腾不开手拿给你们，你们自己去找吧。"佩罗坦先生忍不住露出一抹微笑。

苏珊的地图涵盖了中央高原地区。地图保存得很好。纸箱里还有一摞破旧的老地图。

佩罗坦先生随手抽出一张。运气不错：互逆上游河谷。

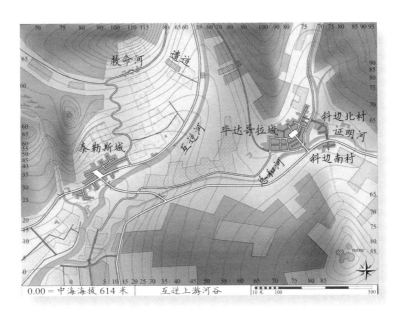

爱丽丝丈量着画在地图上的这块土地（上页图）。她辨认出了位置：她知道哪边是北，地图下面表示 500 米的线段比例尺有多长，她用手指沿着等高线，逆流而上，经过河谷，爬上山峰。她估摸着，从泰勒斯城步行到毕达哥拉城需要 20 分钟。在泰勒斯城西边，一条小水渠改变了互逆河支流部分水流方向，以便灌溉山边耕地。她感觉佩罗坦先生要就这个题目做一大篇文章。

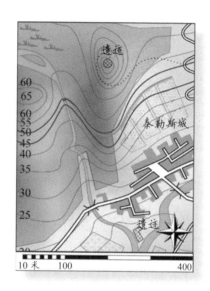

"水在数值为 50 的地方被引走，然后沿平缓而稳定的斜坡流向数值为 47 的地方，浇灌了泰勒斯城高处的山坡。"

他从兜里掏出一根细绳，放在水渠的位置上，按比例尺计算：水平距离为 300 米，高度下降了 3 米，坡度是 1%。在这个坡度上，水流平静而缓慢。爱丽丝很喜欢这根细绳，她觉得再坚持一下，就能画出一幅画了。

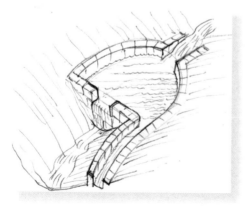

"我能理解一条河汇入另一条河，也就是支流，或者两道河谷相连，但我想象不出在半山腰上，怎么把一条急流分成两条。"

"需要修一道堤坝，让水流进入一个水池。一旦水池满了，一部分水就会形成瀑布，继续向下流淌；另一部分水涨到和水池齐平的高度，被引入一条沿着山体蜿蜒的几乎水平的水渠（坡度为1%），缓缓流淌。这道小小的堤坝有个优点，那就是被水流带来的淤泥会沉淀到水池底部，这样就不会堵塞水渠了。

"你知道的，上涨的水流可以冲走大树和岩石。所以堤坝并不结实，需要日常维护。"

爱丽丝仿佛听到了瀑布哗啦作响的声音。

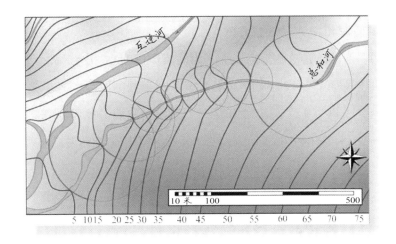

佩罗坦先生这会儿正仔细地看着地图上总和河靠近互逆河的地方。他向爱丽丝解释总和河是怎么流淌的，以及是怎么形成河床的。

"河流只有一个想法，那就是尽快汇入大海。为此，它能找到最短的路，从一条等高线落向另一条等高线。为了找到这条最短的路，我们在河流和等高线相交的地方，以最短的半径画圆，与下一条等高线相交，一直画到海边。我们会发现，这正是河流的走向。不过，总和河跟我们不一样，它不需要圆规。

"要画出从泰勒斯城到救命河的山路，就必须要用圆规了。为了让汽车能开上来，我们就把坡度定为10%吧。有点儿陡，不过也还行。两条连续的等高线之间有5米的差距，所以从一条等高线到另一条等高线需要通过50米长的路。我们画出一串半径为50

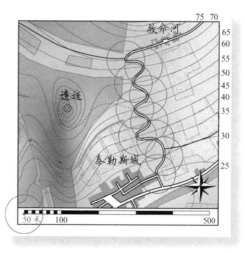

米的圆。圆心总是落在等高线上，而山路经过圆心；山路继续前进，直到圆和上一条等高线相交处，也就是下一个圆的圆心。有十条等高线要穿越，所以有十个圆，对应着十个路段。我们由此可以判断，这条从海拔25米上升到70米的山路长500米。不用拿细绳量。

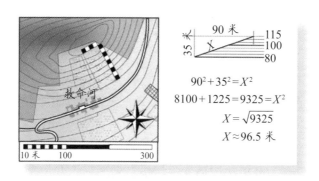

"救命河东北边的葡萄园比看上去的样子更大。在地图上，它长90米。但它的坡度很大：高处和低处的高度相差35米。这是一个直角边长分别为90米和35米的直角三角形，其斜边才是葡萄园实际的长度，也就是约96.5米。葡萄园的水平宽度为40米，所以它的面积不是

90×40＝3600 平方米，而是约 96.5×40＝3860 平方米，多出大约 260
平方米。假设每平方米每年可以产出一瓶好酒，多出的这些面积还是挺
重要的。"

爱丽丝和佩罗坦先生现在沿着互逆
河逆流而上。

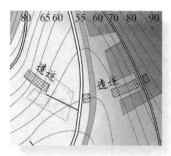

"这儿，这是什么东西的遗迹？"爱
丽丝问，"桥？堡垒？磨坊？"

这些遗迹等高线的形状很奇怪。

爱丽丝想不出是什么。为了打破沉
默，她猜那是一座大坝。佩罗坦先生坚
决反对。

"大坝是拱形的。这样它才能抵挡住充
沛的水量带来的冲击力，就像一道拱门支撑
一面墙那样。拱形的顶端朝着上游的方向。
可是，地图上这些遗迹呈现出的拱形，顶端
朝向互逆河的下游。所以不可能是大坝。"

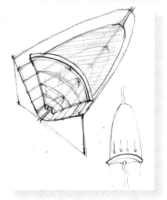

爱丽丝明白了老师的疑惑。他们把问题抛给苏珊，她对这一片儿
很熟悉。苏珊忙得不可开交，但她乐于帮助每个人。这处遗迹让她想
起了洪水传说、皇家大道、愚人统治……

"在那些旧地图上找找吧。"

佩罗坦先生动手翻找。瞧，他发现了点儿什么。他看看爱丽丝，
然后下意识地环视四周。他的眼睛闪着光：这位追捕几何谬误的猎手嗅
到了猎物的味道，很大很大的猎物。

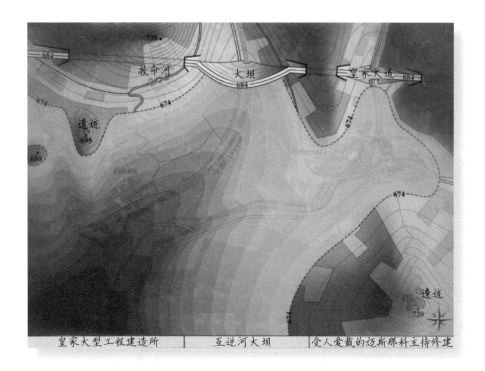

| 皇家大型工程建造所 | 互逆河大坝 | 受人爱戴的迈斯那科主持修建 |

　　"仅此一例，是我们疏忽了，大洪水的传说可以追溯到迈斯那科统治时期。你说得没错，这些遗迹的的确确是一座大坝，我想，这项工程一直没有完工，而且很幸运，它从未入水。这张灾难性的地图是个噩梦。毫无疑问，'救命河'这个名字就说明了这个小村庄幸免于洪水的事实。这太令人难过了。"

　　"海平面上升到 674 米。几何王国只剩几个无人居住的山头，四分之三的法国都沉入水底，这不可能是真的。"

　　"地图是真的，非常专业，数据准确，大坝拱起的方向是正确的，皇家大道也被原原本本地画了出来。这张地图清晰地显示了国王的粗暴和无知，他不顾山峰和山谷的问题，一心只想着直线。迈斯那科不惜代价也要修建隧道和高架桥，打造一条直线。

　　"爱丽丝，我知道有一群修正主义数学家，他们致力于恢复几何谬误，宣称它只是设计一些无伤大雅的小玩意儿而已，却被过分地妖魔化了。这份绝妙的档案表明，他们什么都做得出来，包括毁灭整个国家，让它沉入海底。"

　　爱丽丝觉得老师对几何谬误又恨又爱的复杂感情变得有点儿病态，她很开心自己在这份"绝妙的档案"上找到了一个愚蠢的错误——一个很常见也很简单的错误，就像每个人都会犯的错误。

　　"他们忘了互逆河还在流，谷底会被填满，水平面会上升到大坝的高度，也就是 684 米。水会流到高度为 674 米的路上，形成一道落差为 10 米的瀑布，这没什么大不了的。"

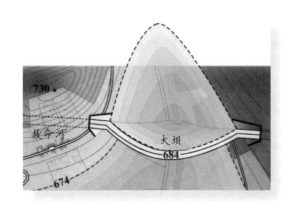

　　这个小丫头在他与之搏斗的猛狮身上发现了几只跳蚤，佩罗坦先生对此很恼火。他的心病又犯了。他跟跑过来的苏珊打了个手势。当然，如果他愿意的话，他可以留下这张老地图。

　　"今晚的菜单是烤鸡配煎土豆。"

　　爱丽丝觉得很好，那就要两份吧，两份。吃饭的时候，佩罗坦先生告诉爱丽丝，明天吃完午饭，苏珊会带他们坐飞机飞越中央高原，他们会在中海上空转一圈，下午四点左右到达沙漠地带的向日葵村。之后，苏珊会回到圣峰村准备晚餐。苏珊万岁！

第二天早上，佩罗坦先生还要解决化油器的问题，所以爱丽丝有充足的时间画画。"天哪，"爱丽丝心想，"他来修飞机，太可怕了！"

第二天一早，爱丽丝下楼，发现佩罗坦先生和苏珊坐在露台上的一张桌子旁晒太阳，面前是丰盛的早餐。苏珊马上起身，去给她冲了一杯热巧克力。

爱丽丝觉得自己必须说点儿什么。

"天气不错。"

"是的，今天早上很晴朗，不过待会儿要下雨。"

爱丽丝穿上羽绒服。她出发去山里画画。

在这幅画上，我们可以看到圣峰村所在的高原和波浪山谷的大坝。风向袋的旁边就是苏珊的小机场。

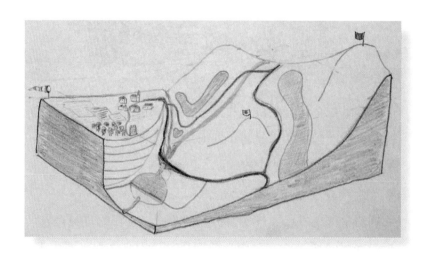

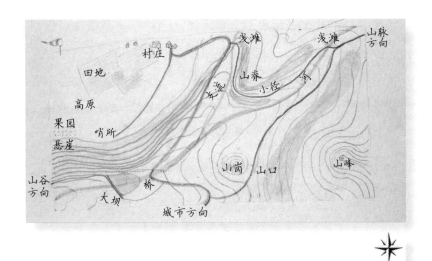

爱丽丝没有标明这张地图的比例尺，但她花了十五分钟从村子走到大坝，而在纸上，这段路的长度几乎等于泰勒斯城和毕达哥拉城之间的距离，所以她想她的地图和苏珊的地图比例尺相同。这堪称一幅杰作。

爱丽丝用很简单的线条精确地画出了桥和大坝，河流和一条条路纵横交错。在她的想象中，蓄水池上漂浮着救生圈和皮划艇，池中是从波浪山谷流下的冰冷的河水。反正我们明白，在这里可以游泳。

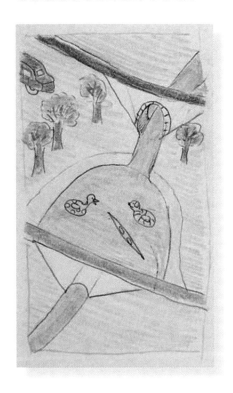

　　临近中午，天空阴下来了，爱丽丝回到村子。苏珊在厨房里。爱丽丝穿过菜园，惊起一只母鸡，来到了"机场"。一只公鸡站在燃油泵上，塞斯纳飞机轰隆作响，铁皮屋顶的"飞机库"里就像回荡着摇滚乐。佩罗坦先生听着广播，他在等天气预报。天气不好：很遗憾，浓雾笼罩了中海，而且会持续一段时间。

　　苏珊穿着围裙，兴高采烈地跑过来。她抚摸着修好的塞斯纳飞机，就像在抚摸一头牛。她重重地吻了一下她的"杰杰"——特大新闻，佩罗坦先生的名字是杰拉尔。

　　杰杰和爱丽丝坐在桌旁，他表情严肃，甚至有点儿忧心忡忡。

　　"我们的下一段旅程是飞越中海，在那些小岛上讲课。可是今天天气不允许。我想对你来说，这里会比向日葵村更适合做研究。至于我呢，我得收拾一下工具，物归原位。我跟苏珊说过了，她表示同意，我们明天吃完午饭再出发，这样更保险。"

　　"说得倒轻巧！"爱丽丝心想。不过她也倾向于这个解决方案：她并不想乘坐塞斯纳飞机，拖延得越晚越好。她在这儿挺好的，很开心这场小小的意外让每个人都有事情做。

　　佩罗坦先生递给她一张明信片。

雾岛
由于迷雾和暗礁，在中海的这片海域上航行是一件危险的事情。这些环境恶劣的小岛上一个居民都没有。

　　"这就是我找到的所有关于这些小岛的东西，我们不会去那儿了。你的画里会出现一个新的角色——海。这个极其平坦的平面在天空中划出一条完美的水平线，我们称之为'地平线'。等到了沙漠里，我们还会讲到地平线。任何海拔都以海平面为参照，因此海平面的高度为0。我们所在的圣峰村，高于海平面565米。"

　　爱丽丝装作听不懂：

　　"落潮的时候，我们是更高一点儿还是更低一点儿了呢？"

　　"作为参照的基准零点刻在一口井的深处，永远不会变。

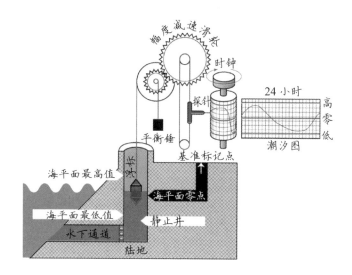

"这是验潮仪，用来测量潮汐涨落幅度的，也就是涨潮和落潮之间的差距。"

"什么是静止井？"

"为了让浮标不随着海浪起伏，我们让水'静止'：尽量保证水不被海浪的节奏左右，又能显示某个特定时刻水面的平均高度。"

"海平面零点一定是涨潮和落潮的中间值吗？"

"根本不是。涨潮和落潮没有什么规律，涨落幅度不仅取决于月球的作用，还受到各种因素的影响：水温、季节性洋流、风向……需要十年的观察才能最终确定海平面零点的高度。"

"好吧，我在画这些小岛的时候会注意让海平面一直处于零点。您现在不是有事情要做吗？我也是。"

佩罗坦先生立即起身走了。

下午一两点钟，吧台和大厅里空无一人。外面在下雨。佩罗坦先生在所谓的"飞机库"里整理三把螺丝刀，关一个抽屉。就像是巧合，苏珊也不在。爱丽丝一个人待着，手边只有彩色铅笔。她的想象力很丰富，坐在壁炉旁边就可以在想象中飞越中海。

下午四点左右，店里渐渐热闹起来。五点的时候，佩罗坦先生，又名杰杰，过来坐在爱丽丝旁边。苏珊端来茶和饼干，又往壁炉里加了根木柴，可以上课了。

爱丽丝照着佩罗坦先生交给她的明信片画了这幅画。佩罗坦先生很满意（这段时间他一直很满意）。不过我们可以看出，爱丽丝徒手画直线很难画得笔直。佩罗坦先生评价道：

"地平线很完美，我觉得大海、小岛和天空都活灵活现。这片世外桃源一般的风景被那些小暗礁破坏了，最糟糕的是人们看不见它们。"

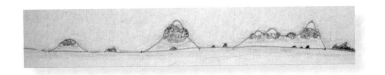

"没错，这张地图可以告诉船只怎么通过小岛。一定不能弄错。我还画了一只不够谨慎的小船遇难后的残骸。海平面处于零点。我用蓝色继续画出海面以下的等高线，它们可以指示深度。"

"在现实中，海洋地图综合了几何学家、土地测量员和海员的大量工作成果。这些红色的投影线确保了水平和垂直两个方向上的实测景象一致。好心说一句，我是不会带着你的地图去这些小岛中间冒险的。"

"我也没要求您这么做。我同意您的看法，我画的这些岛不够准确。但您得承认，它们很像岛，而您画的什么都不像。一个四面体和两个五面体！我感觉又回到了尖角城。"

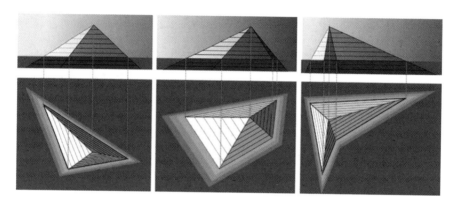

"我还有别的图，不过可能有点儿复杂。"

"您先给我看看吧，然后再讲。"

爱丽丝说得没错，这三个岛让她感到很意外，尤其是那座火山。

"我看出火山和火山口都是圆锥形的，火山口里满满的都是水，但不是海水。火山并不是因为装满了水才熄灭的。还有，从飞机上看，它就像独眼巨人①的眼睛。"

"尤其要注意等高线在两个圆锥相交的地方复杂的组合。"

"投影线、透明的水，还有贴着地面的光，一切都很完美。不过，我好心提醒您一句，您这些小岛阴森森的。"

---

① 希腊神话中西西里岛的巨人，只有一只眼睛，长在额头上。

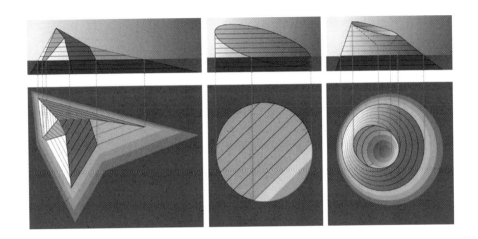

什么都不能破坏佩罗坦先生的好心情。他的学生仔细地观察了雾岛明信片，他很喜欢爱丽丝笔下这座中空的火山。这就是著名的武尔卡诺岛，是中海上的一颗明星。

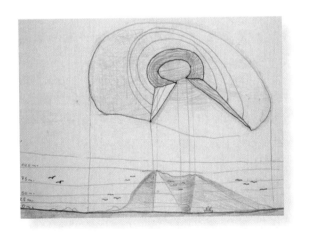

"这头'巨兽'没控制好上一次喷发，其中一整面塌掉了。遇上狂风暴雨的时候，船只就会躲到火山口里。在那儿要保持安静，因为一点点声音都会被放大，回荡其间。每当夜里一片寂静，鸟儿都不出声，人们就能听见火山深处发出的咕嘟声。"

"好吓人。"

这句话给爱丽丝和老师这节讲小岛的课画上了句号，这节课还回顾了关于等高线的内容。

第二天一早，天又晴了。苏珊带着爱丽丝和她的杰杰去采蘑菇。三个人就像来度假的一家人，画面很美好。他们找到了一些硕大的牛肝菌。

于是午饭就是蘑菇煎蛋了。爱丽丝数着离出发还有几小时，还有多少分钟，终于该动身了，到点了。苏珊套上一件绷得紧紧的橙色连体飞行服。塞斯纳飞机慢慢地发动了，大家把行李搬了上来。

爱丽丝坐在后座上，她看见一头牛正在跑道上吃草。苏珊轰响发动机，吓得母鸡们四散逃开。那头牛死死地盯着塞斯纳飞机，然后慢慢走出草地。别忘了化油器是由一个尼安德特人①修理、由一个名不见

① 大约 12 万年前到 3 万年前居住在欧洲及西亚的古人类，属于晚期智人的一种。这里指上一章开头提到的曲线城铁匠。

经传的巴黎郊区学校的小老师安装的，所以爱丽丝肯定紧张极了。苏珊猛地一下发动了。飞机在跑道尽头俯冲进空中，然后再次上升。爱丽丝有一瞬很担心肚子里的蘑菇煎蛋也向上翻出来，不过，她总算还活着，而且她从高处看见的风景那么美！

　　苏珊驾驶着飞机越过中央高原，飞过笼罩在浓雾中的中海，然后沿着海岸线前进，到达无限沙漠。她在寻找影之城遗址。爱丽丝发现了目标。考古学家们跟苏珊打招呼，她掉转机翼回应他们，然后继续飞往向日葵村。她在村子上空画了一个优雅的圆圈，终于像花儿一样落在宽阔的跑道上。已是下午四点了，一辆四驱车在那里等着他们。

　　这辆车属于向日葵村的露营地"棕榈园"，爱丽丝和老师今晚就要住在那儿。爱丽丝想象着唯一一条单调的等高线在沙漠上蜿蜒。这里是绝对的地平线，地平线处处可见。寥寥几件物体在大地上投下清晰的影子。爱丽丝宁愿遥望地平线，因为苏珊和她的杰杰在她身后没完没了地惜别着。

　　爱丽丝坐在四驱车后座上，沿着通向露营地的路线前进，她发现沙漠并没有那么平。

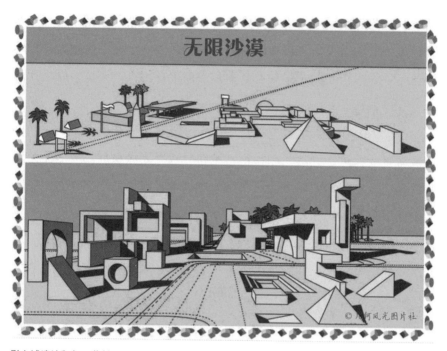

影之城遗址和向日葵村

只剩残垣断壁的影之城曾经是影族人的都城，这个阴暗的文明自以为天下第一，如今已经消失了。

这个地区村子不算多，也没有围得水泄不通的游客。向日葵村位于两片海的中间地带，把中海和大洋连接在一起。这里住着太阳族——一个非常古老的民族。村子里有一块露营地，在一个种黄瓜的小棕榈园里。

　　"棕榈园"实际上指的是沿两片海的中间地带分布的一连串露营地。向日葵村的露营地尤其受到远足者的欢迎，这些豪爽的"沙漠发烧友"被太阳"烤焦"了，灰头土脸的，除了沙漠这个话题什么都不关心。最狂热的爱好者直接睡在星空下（每晚还是要收费 3 迈斯），夫妻或全家一起出行的会住进帐篷。佩罗坦先生预订了度假小屋的两个房间。

　　这个地方真不错：棕榈树下一片阴凉，沙子细软，几条沟渠水声淙淙。几乎到处都架着凉棚，摆着桌椅。爱丽丝和老师就在这儿碰头。下午六点，天气不再燥热。佩罗坦先生只穿着一件衬衫，向爱丽丝说明情况。

"我们明天傍晚出发，夜里到达十二立方城的棕榈园，那会儿很适合赶路。明天你要画……影子！"

"我对影子一点儿都不熟。我唯一知道的，就是它们一直在变。"

"你还会根据光源区分影子。比如你知道怎么分辨蜡烛投射的影子和太阳投射的影子。"

"是的：太阳升起、移动，然后落下；而蜡烛在燃烧，越来越矮。"

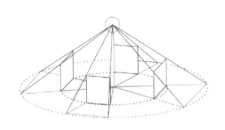 

"你看，火苗发出的亮光勾勒出了影子的形状。"

"看上去有点儿伤感。"

"明暗交界的地方离得很近，周围暗沉沉的，这是一幅夜里的景象。跟大白天的太阳完全不一样。

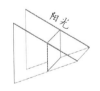 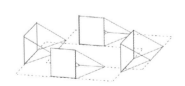 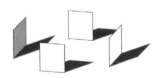

"阳光是平行的。只需要确定太阳在天空中的位置，就能有清晰的影

子：不能太高，不然就没有影子了；也不能太低，不然影子就太长了。"

"太阳就像一根巨大的蜡烛：光线是发散的，不是平行的。"

"其实还是平行的。太阳太大了，也太远了，照到地球上的光线几乎不再发散，无限接近于平行。

太阳
$R=696\,000$ 千米

150 000 000 千米

地球
$r=6400$ 千米

"这就是照亮地球的光线。得把这张图放大一百倍才能看见地球。"

爱丽丝很喜欢几何和算术掺和在一起的时候：为了方便，去掉小数点后几位，取整数部分；承认两条平行线在不存在的无限远的地方相交；容忍误差和近似值。毫无疑问，"平行光线"违背常理，但所有地球人都接受了这种约定俗成。爱丽丝异想天开：哪怕是最邪恶的敌人，也同意这一点。

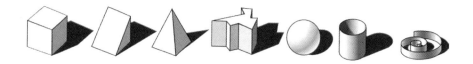

"阳光照亮这些物体，产生了两个影子。一个是物体表面的阴影，另一个是地上或其他物体上的投影。画家们决定把投影画得比阴影更深。这也是一种约定俗成。"

"只有太阳本身才看不到影子。"

"对，所以画家们要避免把视角放在太阳和要画的物体之间。通常来说，太阳在高处，位于画家的左后方。建筑师们对此做出了明确的规定。

　　"左边是一张建筑平面图，上北下南。这就是所谓的'水平面上的实测垂直投影图'。我们可以一眼看出它在地面上的效果，但所有建筑的体积都被忽视了。右边这张图更清楚：通过影子就能感知体积。一条垂直于地面的棱，它的影子是一条与水平方向成 45° 夹角的直线。用一把三角尺可以很容易地画出来。"

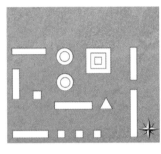

　　"我有个叔叔是建筑师，他的三角尺都放在车库了。他只用计算机就能画出 45° 的角。"

　　"这是最基本的技能。

　　"这是一张建筑南立面图（下图），是垂直面（不再是水平面）上的实测水平投影图。一条垂直于墙面的棱，它的影子是一条与垂直方向成 45° 夹角的直线。和之前一样，影子可以说明一切。"

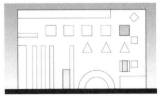

"出于方便的考虑，建筑师们为太阳选择了一个约定俗成的位置，这样就可以用同一把 45° 三角尺画出水平方向和垂直方向的影子。

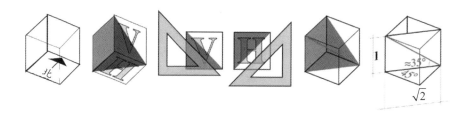

"由此我们可以得出结论，阳光与立方体的对角线平行。"

阳光一点点贴近沙漠，影子越来越长，夜晚就要到了。棕榈园里亮起一串串涂着各种颜色的灯泡，美极了。

"这种约定俗成还有一个好处：垂直于某个参照面并投影在这个面上的一条棱，它的影子等于边长和这条棱相等的正方形的对角线。"

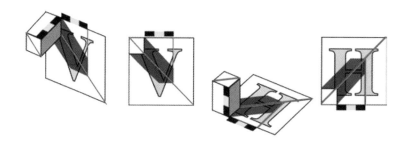

"什么？？我既没听懂原理，也不明白这算什么好处。"

"$AB = AC$，这就是好处。AD 处于 45° 的位置。

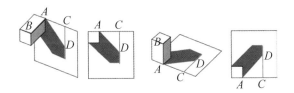

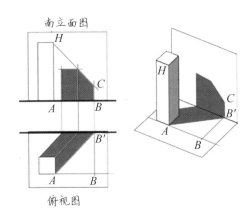

南立面图

俯视图

"以一根影子落在墙上的柱子为例。假设我只有南立面图，我可以从中推导出柱子的南立面和墙之间的距离：$AB=BB'$。在左边的第二张图上，我们还可以注意到，$AB+B'C=AH$。

"同理，我可以只通过俯视图推导出柱子的高度 AH，因为 $AB=BB'$，所以 AB 加 $B'C$ 同样等于 AH。"

"我没有 45° 三角尺，连一把带刻度的尺子都没有，根本画不出平行线。"

"到目前为止，你都完全不需要尺子。影子并不是真实的存在，没有什么意义，也留不下痕迹，画错一个影子不会导致一座建筑倒塌。影子的作用

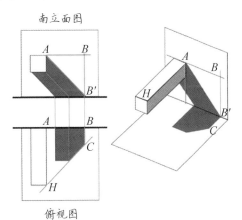

南立面图

俯视图

在于表现物体的体积，让它更容易理解，仅此而已。不过，我注意到你对影子很感兴趣，我希望你用它表示太阳，就像你用蓝色表示水一样，这样很好玩。"

"您真是太好了，佩罗坦先生。"

夜幕降临，棕榈园中传来青蛙的呱呱声，课程在平静而友好的氛围中结束了。爱丽丝发现一个影子就可以让一幅画阳光灿烂，她感到十分神奇。

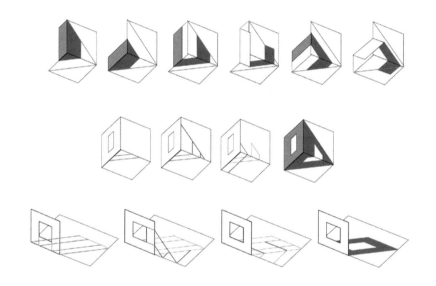

有了影子，最乏味的画也会变成一片生动的背景。影子意味着阴凉、隐蔽或忧虑，令人浮想联翩。

"还有几何谬误呢，佩罗坦先生？"

佩罗坦先生环顾四周，看看有没有人在偷听，并且放低声音。这几乎成了一种本能。

"这里居住着太阳族，这个部落跟国王没有任何关系，与几何谬误就更不相干了。迈斯那科对此非常恼火，派军队试图占领沙漠。士兵们建起了一座座堡垒，很快又离开了。如今，它们都被黄沙掩埋了。

按说还有几处遗址，但太阳族的人对此只字不提，他们更愿意忘记那个时代可能遗留下来的东西。"

美丽的夜色笼罩着露营地，人们低声交谈着，听不到笑声或音乐，就连孩子们都很乖。爱丽丝披上一块羊毛毯，佩罗坦先生打了一个电话。然后就开饭了。

菜单从未变过：黄瓜冷汤、黄瓜沙拉、黄瓜塞肉和椰枣，看上去都很美味。

那个太阳族服务员非常俊美。爱丽丝觉得他看上去有一点儿……阴沉。

第二天，爱丽丝一大早就起床了。她从度假小屋的窗户望着棕榈树和沙漠，想到了非洲。昨天她还在采蘑菇呢……

爱丽丝吃早饭时没看见佩罗坦先生。她带上一瓶水和自己的画板，踏上了"撒哈拉"发现之旅。不出所料，她遇见了骆驼、长颈鹿和大象，但她尤其留意的还是影子，也就是画画的主题。

令人遗憾的是，这幅画中有一些爱丽丝这样的法国人对非洲的"刻板印象"（面无表情的巫师、混乱无序、椰子树），不过，把三只田鼠吓得四散而逃的秃鹫的影子堪称完美。衣服晾在阳光下，地毯铺在阴影中，这个地方尤为舒适，人们可以在这里好好休息一下。

影之城遗址的俯视图堪称完美，尤其是，爱丽丝当时只不过坐着苏珊的塞斯纳飞机从遗址上空飞过而已。沙漠上留下了飞机的影子，整个画面稍纵即逝。爱丽丝可能参考了明信片，她这样画是对的。

这些未必真实存在的长颈鹿和骆驼投射出的影子很生动。画中甚至还能看到一个考古学家正在向飞机挥手致意。

现在是下午一点，棕榈园十分炎热。爱丽丝吃完了黄瓜，画好了画，正在阴凉里写信。佩罗坦先生走过来。他谨慎地环顾左右，对爱丽丝说：

在皇家考古博物馆可以看到影之城模型。

"我刚才遇见一个上了年纪的太阳族人，他告诉我，在他小时候，他的祖父会在满月的夜里带他去幻影堡垒。他还记得月亮在那里投下了诡异的影子，把他吓坏了。那个地方距离这里有一小时

的车程。他不愿意带我去，但给了我可以找到它的地标。我租了一辆四驱车，你要不要和我一起去？"

"太热了，不能再等一会儿吗？"

"不行，这会儿过去，影子刚刚好。"

"那就出发吧，长官！"

佩罗坦先生穿过向日葵村，离开大路，拐上一条小道。又开了几千米，一个装满沙子的水壶指示着隐隐约约的岔路口。小道两侧是一片平坦的沙漠。一棵枯树、一堆石头、一个轮胎……这里就是地标了。

下午两点左右，爱丽丝辨认出地平线上一座土黄色的老旧建筑。那就是幻影堡垒。她走近堡垒，感觉有什么东西不对劲。她终于意识到，使她不舒服的正是几何谬误。

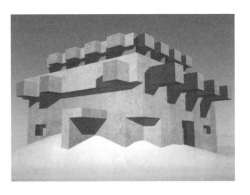

堡垒上的影子错得一塌糊涂，简直是对画家和建筑师的理论、对传统和常识的侮辱。几何谬误从正面看过去令人烦躁，所以爱丽丝更愿意盯着地平线。

另一边，佩罗坦先生似乎对他的"索泥"超级照相机很头疼。他关上照相机再打开，仔细地重新调整，"咔嚓"一声拍了张照片，然后大惑不解地看着照片。

"我不是在做梦吧？照相机自动修正了错误的影子。我根本没有这个意思。"

他再次尝试，稍微改变了拍摄的视角。

一点儿用也没有，几何谬误无法被拍摄下来。佩罗坦先生不知道该怎么办才好。

"没有人会相信我，我最亲爱的同事们会认为我在炎热的天气里产生了幻觉，或者遇见了海市蜃楼。其他人会认为我在撒谎。完蛋了。"

"要是您不跟任何人说呢？"

"你也什么都不说吗？"

"我保证守口如瓶，佩罗坦先生。"

"好的，这是一个秘密。"

幻影堡垒依然不为外人所知。我们的这两位朋友像疲惫的旅人，在沙漠中拖着脚步走向四驱车。他们有了一个秘密。

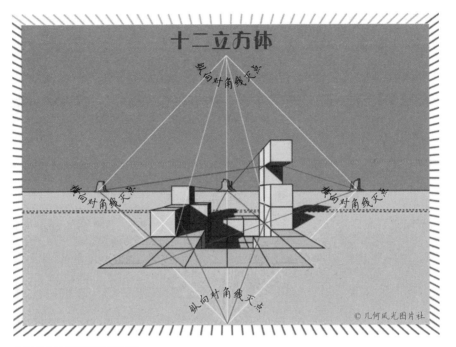

为透视好奇者建造的纪念碑

这座纪念碑源于一个不可思议的地理巧合。沙漠一片平坦，然而，地平线上蠢立着三座山峰。

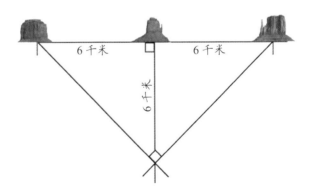

这三座山峰位于同一条直线上，相邻两座之间相隔6千米。站在山峰的中垂线上并离中间的山峰6千米远时，从这一点到两侧山峰之间的线段彼此垂直。

于是人们在这里建起了纪念碑。

　　十二立方体的位置虽不同寻常，但纪念碑本身倒是不值得专门去看。人们从地下开采出十二个立方体，然后把它们堆放在地面上。它们和中间的山峰严格保持在同一条直线上，水平表面上的对角线会合于其他两座山峰。仅此而已。一旦理解了这三座山峰是三个灭点，你就理解了透视。

　　棕榈园露营地离十二立方体 5 千米远。除了名字，这里没有什么棕榈园的气息：它实际上是由一排分布在沙漠上的带空调的度假小屋和一个停放房车的大停车场组成的。24 小时营业的快餐店旁边倒是有几棵棕榈树。超负荷运转的发电机组轰隆作响，弄得露营地全是烟。

　　尽管有种种不便，这里总是门庭若市，因为十二立方体之于几何王国就相当于埃菲尔铁塔、蒙娜丽莎或塔恩峡谷①之于法国，是一个旅游胜地。人们远道而来，在纪念碑前拍照留念，欣赏透视，并带回几件纪念品。当地居民被称作"波西人"。他们坚信自己来自波斯，但没人认同这一点。据说波西人就是因为这种迷信而受到压迫和驱逐的。如今，还有一些精明的商贩在坚持不懈地开发这个景点，不得不承认，他们从中获利的方式并不贪心。这番简短的概述看上去也许有点儿嘲弄的意味，但波西人的这点小毛病之后会起重要作用。这些"纪念方块"说明，

"十二立方体"纪念方块

① 塔恩峡谷，法国南部河流塔恩河上游的一段，沿途有许多观景点。

他们才不管卖给游客什么。

这些塑料方块的四个面自然而然地展现了一个透视立方体。一个方块标价 3 迈斯，十二个售价 30 迈斯。爽快的顾客可以花同样的钱得到十三个方块。

纪念碑著名的透视景观是需要付费观看的：给一个看上去凶神恶煞的波西人付 5 迈斯，他才会把卡车挪走，不挡住你的视线。这个价格可以让他捡起满是油渍的纸，清扫堆积的沙子，以及看守这片地盘。据说一个澳大利亚游客动了把名字刻在一个立方体上的歪心思，但是没有留下任何痕迹。这个传言令人信服，因为纪念碑完好无损。

爱丽丝和佩罗坦先生半夜才到十二立方体露营地。他们订到了发电机组旁边的两间度假小屋。万幸的是，佩罗坦先生抱怨个没完，终于换了两间位置更好的小屋。尽管时间已经很晚了，但晚会还吵吵嚷嚷，正热闹着呢。人们在停车场上跳舞。爱丽丝先是往返于幻影堡垒，又弓着背在四驱车里坐了四个小时，于是立刻睡觉去了。佩罗坦先生到露营地的酒吧里喝了一杯。他之前从没来过这里，谁都不认识。

第二天，爱丽丝一大早就醒了。

露营地静悄悄的，快餐店也空了，一个没睡醒的波西老人无精打采地给她端来早饭。

她沿着露营地溜达了一圈，发现这里没什么可看的：一个出租破旧四驱车的汽车修理厂，几座散落在沙漠里的简陋的红土墙房子，就这些了。地面上密布着汽车轮胎留下的痕迹：这里没有公路，从一个地方到另一个地方，两点之间走直线最近。大地一片平坦，举目之处都是地平线。

爱丽丝从快餐店回来，发现她的老师在一家咖啡馆前，摆弄着他的"索泥"超级照相机。

"早啊，爱丽丝，昨晚睡得好吗？这儿可真吵！啊，大众旅游！啊，假期！他们在十二立方体前拍照，但热闹是属于露营地的。"

"确实，走出露营地没有任何可做的事情。纪念碑离得那么远……"

"有辆出租车会在半小时之后来接我们，带我们去十二立方体。我们可以边等边上课，预习接下来要看到的东西。"

"我们并不是来度假的，您讲吧。"

"你已经看过那张明信片了。十二立方体和三座山峰形成了独一无二的结构，哪怕是最迟钝的游客在这里也能理解什么是透视。"

"您觉得我能听懂吗？"

"我来告诉你，一位名叫阿尔贝蒂的意大利学者是怎么在1432年发明了透视法的。他非常得意于自己的发现，把它看作奇迹。

"这个场景很简单。我们置身于沙漠之中。画家（红色小人）看着他面前的地上的一张棋盘。我们在画家和棋盘之间竖起一面垂直的玻璃，和地面相交形成一条'地面线'。一个和画家一样高的路人站在地面线上，他并不想被画下来，所以他站在画家选定的框架之外。

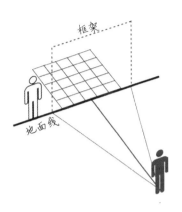

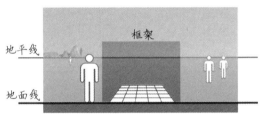

"进入画家眼睛的水平面也进入了路人的眼睛，以及任何一个站在沙漠中、和画家一样高的人的眼睛。这个平面在地平线处通向无限。布景就这样设置好了。

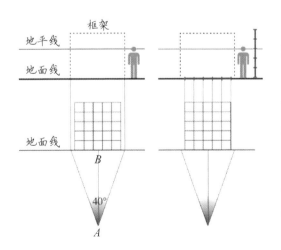

"阿尔贝蒂登台，他的助手屏住呼吸。

"阿尔贝蒂带来不同的视角：上面是透视视角，下面是平面棋盘视角。

"画家站在 A 点上。他与棋盘之间的距离 AB 使得他的视角保持在 40° 左右。

"40°，有没有让你想到什么？就像这样： 。画家选择站着。他的眼睛距离地面约 1.5 米。棋盘由 25 块边长为 0.5 米的方格组成。透视可以开始了。"

"总算开始了！"

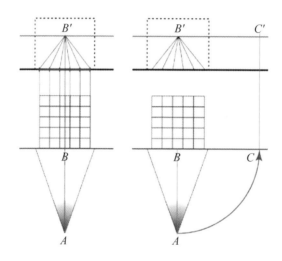

"阿尔贝蒂先是做了跟他同时代的画家已经掌握的一步：他用红色画出了那些在地平线上会合的平行线。这就是消失线。B' 在无限远的地平线上形成了一个灭点。"

"水平方向上的平行线在地平线上相交。可以说，任意两条平行线都只能在无限处相交。在无限处，什么都可以发生。"

"是的。古人们还相信，数字在无限处变得非常小，以至于无法再一分为二。阿尔贝蒂没有沉迷于对无限的幻想。对他来说，B' 是中心点，也是终点。

"他在地面线上确定了 C 点的位置，使 $BC=AB$，然后他把和 C 在同一条垂直线上的 C' 放在地平线上，也就是无限远的地方。现在，注意了，他那天才般的想法……

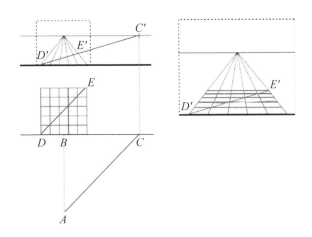

"棋盘对角线 DE 和线段 AC 在水平方向上平行，它们的灭点是 C'。于是我们得到 DE 的透视图线段 D'E'，它和消失线相交。

"在 D'E' 和消失线的每一个交点处，我们画出一条与地面线平行的线段。于是我们得到了一张完美的棋盘透视图。"

"这个结果好无聊，我还是更喜欢明信片。"

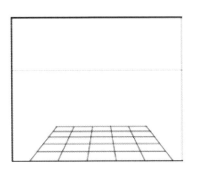

"发明并不是为了好玩，爱丽丝。"

一个满身灰尘的波西人走过来，他身上有股刺鼻的柴油味——这是他们的出租车司机。

爱丽丝对十二立方体之行感到很失望，这座纪念碑和明信片上一模一样。一个波西人喋喋不休地向她推销沙漠玫瑰，就在她努力摆脱的时候，佩罗坦先生正和出租车司机聊得起劲。他给司机看幻影堡垒的照片，几何谬误的气息弥漫开来。

回到露营地，佩罗坦先生急匆匆地买了一个三明治，又和出租车司机掉头去沙漠了。爱丽丝买了一个汉堡和一杯可乐，像一个牛仔那样坐在度假小屋门口台阶上的阴凉处吃起了午饭。

她边吃边看着几个俄罗斯孩子在沙子里玩着那些到处可见的纪念方块，还有一些比方块更复杂的奇怪的塑料制品。爱丽丝感觉到这些塑料制品不同寻常。她从俄罗斯孩子那里打听到，它们是在一个离露营地大门不远的波西人露天市场上买到的，花了10迈斯。她打算去看看……

爱丽丝回到露营地，在开空调的度假小屋里吹着冷气画画——这会儿天气很热。

"咚咚咚。"筋疲力尽、汗流浃背的佩罗坦先生在敲门。

"什么也没有，一无所获。透视谬误堡垒不在了，那个出租车司机带着我乱逛了几圈。这里就像从来没有过几何谬误似的，我什么痕迹都找不到。"

"佩罗坦先生，什么样的算是痕迹?"

"哦，没什么特别的，也就是一个印记，一种踪影，一段回忆。"

"您对痕迹的材质不挑剔吧?"

"看看我最近的收获吧，再挑剔就不合时宜了。"

"那好，您去换件衣服吧，酒吧见，我给您看一样'痕迹'。"

佩罗坦先生冲了个澡，换上干净的衬衫，点了一杯啤酒，感觉好多了。

　　一个波西人每天都在这儿摆摊儿。他卖给游客那些透视的物体。彩色塑料做的售价 10 迈斯，画 50 迈斯，火山岩做的 150 迈斯。

　　摊主看到佩罗坦先生穿得文质彬彬的，推断这会是个不错的买家，他确实没弄错。在他旁边，这个著名的几何谬误捕手刚刚抓到一条"沙丁鱼"，这条小鱼让他的心情好了起来。

　　爱丽丝很高兴，毕竟他之前看上去那么难过。

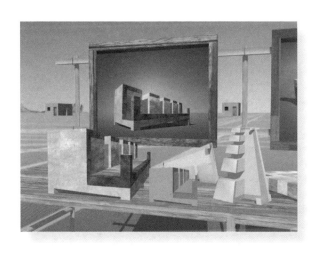

我们可以在每张照片上看到同一个物体的三种版本：画、火山岩和塑料。这么多错误的透视！

从这个视角看过去，真正的地平线和画里的地平线对齐了。摊主意识到他面对的是一个精明的行家。

"三种版本应该是 210 迈斯，我 200 迈斯卖给您。"

"150。"

"180。"

"可以送货到国外吗？"

"没问题，您刷卡？"

佩罗坦先生出手了，他和摊主成了朋友，因为任何一个好买家都能让本地人打开话匣子，尤其是后者不等邀请就讲起了自己的生意经。

"两年前，我在这里卖火山岩做的波西手工艺建筑小雕像，跟透视一点儿关系都没有。生意很差，因为它们又重又贵。

"我有一个住在球体城的表哥，他来看我，总是给我出一些好主意。他收集古代的几何体，也就是几何谬误，您听说过吗？"

"？？？"

"我表哥告诉我，游客来这里是为了看透视现象，而不是波西人，所以应该卖波西透视品。于是我们给之前的小雕像加上了透视效果。您想看看吗？我的箱子里还有一些。

"这些新的小雕像的重量是原来的二分之一，透视效果却是加倍的，可以说是双赢。不过它们依然是手工制作的，所以会贵一点儿。

然后，纪念方块进口商（您知道我在说什么吧？）把我引向了塑料材质。如今，最节俭的游客也会带一件彩色透视纪念品回家。"

"您给国外制造商寄了一件样品吗？"

"不，那太贵了，我给他们寄了图纸。您看看？"

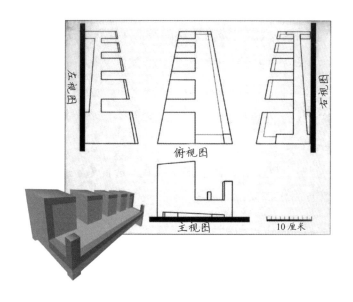

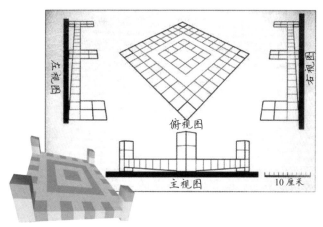

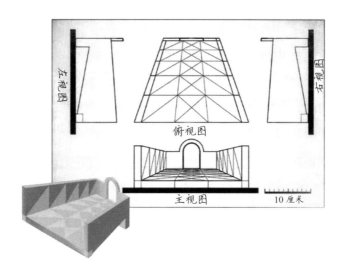

这个波西人的四驱车里有一台复印机。他收了 3 迈斯，给佩罗坦先生复印了三张 A4 规格的图纸。

"谢谢您向我解释您的工作，要知道，我非常欣赏您做的事情和您扭曲几何的方式。"

"您似乎是一位扭曲几何的专家，您这么说就更让我高兴了。再见，祝您旅途愉快。您要去哪儿?"

"我们的旅行要结束了，明天去大洋边。"

"太可惜了，如果您朝反方向走的话，就会经过球体城，您可以到我表哥家看看他的收藏。我向您保证，他那儿的几何谬误真是绝了。"

佩罗坦先生在回露营地的路上一直若有所思。自相矛盾的想法使他心神不安。

作恶多端的几何谬误是如何留下这些无害的痕迹的? 人类的本质就是扭曲自己的知识吗? 或者是傲慢地弄乱它? 如果几何谬误就是

来自这种傲慢……

　　爱丽丝想象着回到球体城那个眼球突出的博利瓦的店。苏珊到向日葵村的机场接他们（杰杰很高兴！），然后飞越中央高原。旅行接近尾声，爱丽丝感到有些忧伤……

　　下午五点，爱丽丝和佩罗坦先生坐在此刻空荡荡的快餐店旁边。心思该回到学习上了。爱丽丝拿出她白天画的画。

　　中央灭点差不多在地平线的中间。地平线并非完全水平，但透视是准确的。爱丽丝在这个空间里放置了四个同等大小的平行六面体。接下来，佩罗坦先生将在沙漠中移动这些平行六面体。

　　"假设地面上有任意一个平行六面体。我们把它平行地从 A 挪到 B，再从 B 挪到 C。

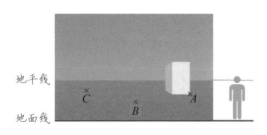

"我设定好中央灭点 VP_1，然后把平行六面体从 A 挪到 B。为了做到这一点，我把它的宽 M 透视到地面线上，得到 L。VP_1B 的延长线和地面线相交于 B'。

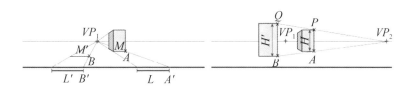

"然后我以 B' 为端点画出线段 L'，$L'=L$。从点 B 出发，我可以画出 M'，这就是与 B 齐平的物体的宽。

"要得到高 H 的透视图 H'，我延长 BA 至地平线，得到灭点 VP_2。然后我连接 VP_2 和 P，延长这条直线至 B 所在垂直线上的点 Q。

"现在需要在 B 处复制物体的长 DE。要做到这一点，我延长 BD 至灭点 VP_3，然后连接 B 和灭点 VP_1。延长 VP_3E，与 VP_1B 相交于点 F。BF 等于且平行于 DE。

"要把平行六面体从 B 挪到 C，我延长 BC 至地平线，得到灭点 VP_4。和之前的挪动一样，这个点可以让我确定新的平行六面体的宽和高。它的长 CG 平行且等于 BF。

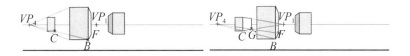

"我们可以通过画出可视面的对角线的方法检查画面的准确度。平行于地平线的正面上的对角线在画面上互相平行，垂直于地平线的侧面上的对角线会合于同一个灭点 VP_5，VP_5 位于 VP_1 所在的垂线上。

"好的，搞定了。"

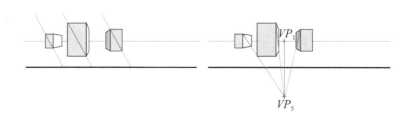

"这让我想起一部关于酸奶的纪录片。"

"关于酸奶?"

"酸奶消毒、制作和灌装的生产线复杂极了。影片时长 20 分钟，最后完成了一盒酸奶。"

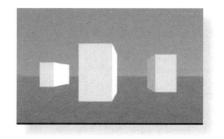

"收到，我来试试缩短生产线。

"你选择了从角的方向看过去，它们都是直角。那么就有两个灭点。以其中一个立方体为例……

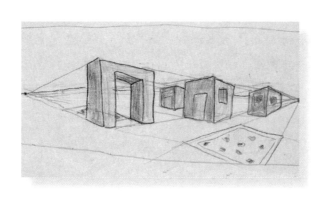

"立方体的底面是一个正方形 $ABCD$。$AB'=AD'$。对角线 BD 平行于地平线。对角线 AC 垂直于地平线，与地平线相交于灭点 VP_3，$VP_1VP_3=VP_1VP_2$。

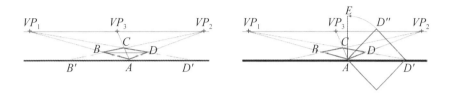

"三角形 ABB' 和 ADD' 是等腰直角三角形，因此我们可以说 AD' 是一个以 AD'' 为其中一边的纵向正方形的对角线。我把 AD'' 翻折到 AE，AE 是以 $ABCD$ 为底面的立方体的纵向棱。

"要把立方体从 A 移到 F，我延长 VP_2F 至地平线，与地平线相交于 A_1。垂线 A_1E_1 等于 AE，连接 E_1 与 VP_2，从 F 作立方体的高。

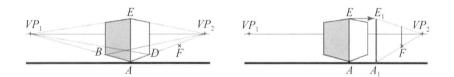

"对角线 EB 和所有平行于它的直线交汇于灭点 VP_4，VP_4 位于 VP_1 所在的垂线上。同理，对角线 ED 和它所有的平行线交汇于灭点 VP_5，VP_5 位于 VP_2 所在的垂线上。由于 BD 是水平的，灭点 VP_4 和 VP_5 位于同一条水平线上。"

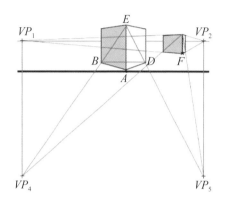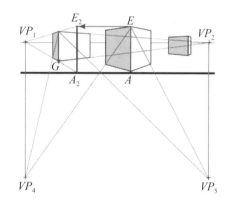

佩罗坦先生这次没有等到关于酸奶的意见。爱丽丝没有必要告诉他这些立方体实在有点儿像新鲜奶酪。她反而觉得对角线方法可以节约时间。但

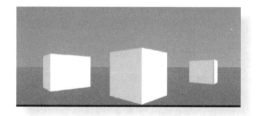

由于它们的灭点离立方体很远，这个方法相当费纸。

这幅画准确地展现了爱丽丝的家。猫、小金鱼和泰国式的镜子是真实的。狗是想象出来的：她的父母不喜欢狗。长颈鹿和马是为了说明爱丽丝把她的家放在了波西沙漠上（实际上位于巴黎郊区的加布里埃尔－佩里街 103 号四层）。

佩罗坦先生没有任何要改动的地方：唯一的灭点位置准确，地平线和爱丽丝的眼睛齐平，我们可以从镜子里看到爱丽丝。她的双眼距离地面 1.1 米，所以天花板看上去有点儿低，其他都没问题。

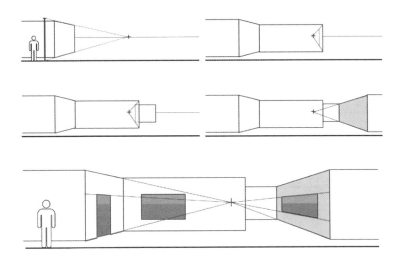

也许画中的这张海报实际上是一扇窗户，一头小象正透过窗看着我们。也许这扇窗户实际上是一幅画或一面镜子。地平线让一切更模棱两可了。

　　佩罗坦先生假装没有看见大象。他在解释和强调双灭点透视带来的动态视觉效果。

　　"这种透视可以产生电影镜头般的画面。双眼处于运动之中，在背景中前进，寻找某个东西或等待某个人。单中央灭点透视比双灭点透视更有凝视的感觉。"

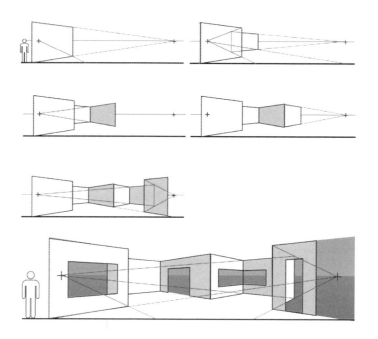

　　这两幅画是一致的，展现了同一座房子。不管怎样，还是要承认这座房子没有完工，缺少楼梯。左图用的是仰视视角：爱丽丝在向上看。右图是俯视视角：爱丽丝垂直上升到四层的高度向下看。

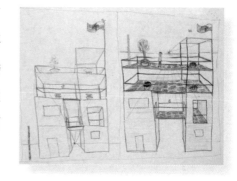

黑红相间的刻度尺表明，站在四层的小男孩和爱丽丝一样高。

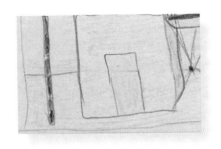 

这座建筑整体上是由同样大小的长方体构成的，而不是立方体：没有一个面是正方形。

所有垂直于边框的线以 VP_1 为灭点，所有垂直于边框的面的对角线以 VP_2 为灭点。

从左图到右图，视线垂直上升，但人和建筑之间的距离保持原样。灭点 VP_1 和 VP_2 之间的距离也没有变。

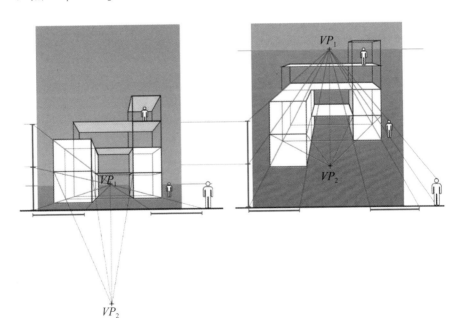

夜幕降临，露营地四处亮起霓虹灯，发电机组响起噼里啪啦的声音，散发着一股难闻的味道。还好炸薯条的香味占了上风，飘到了爱丽丝和佩罗坦先生工作的桌旁。自助餐厅里排起了长队。爱丽丝有点儿饿，犹豫着要不要展示最后一幅画，但佩罗坦先生还没有讲完透视问题，他想点评一下这种错觉艺术的危险，以此结束课程。爱丽丝的最后两幅画可以派上用场，还是待会儿再吃饭吧。

越来越厉害了：从第一幅画到第二幅画，爱丽丝登上三楼，走到房子的另一侧，把视角整个转了 180°。这两幅画是一致的，透视也很准确。

但第二幅画暴露了一个问题：我们可以看出，透视法使得距离中央灭点最远的部分严重变形了，所以爱丽丝必须重新确定它们的框架。这些变形的几何体是真实存在的，但它们离画面中心太远了，马厩岌岌可危。

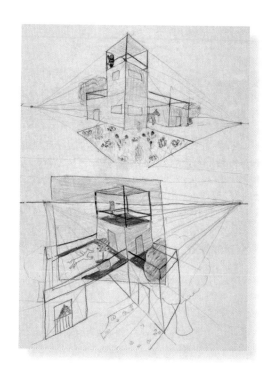

我们可以在遵循透视法的同时改变画出的几何体的形状。那么，无法跨越的界限是什么？危险的领域从哪里开始？

佩罗坦先生从构造一个完美的立方体开始。爱丽丝有点儿不耐烦，她已经见过这些了，知道应该怎么做。佩罗坦先生觉得哪怕重复，也要先打好基础。

"为了说明怎样是不可行的，需要先给出完美的可行的情况。这个立方体就是完美的。正方形底面的对角线 AC 垂直于地平线，对角线 BD 平行于地平线。

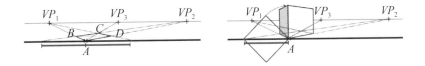

"让我们把这个立方体从 A 移到 B。以 B 为起点的对角线平行于以 A 为起点的对角线，它们的灭点是 VP_3。新的立方体太近了，点 B 离 VP_3 太远了，这幅画不可行。"

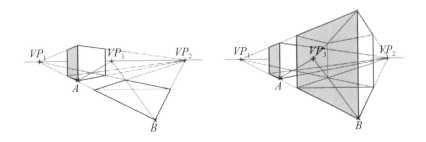

这个新的立方体画出来简直像个怪物。

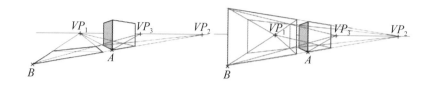

爱丽丝很高兴这个故事最后以怪物结束，这个结尾真不错。

她看向快餐店，风风火火地收拾着自己的画，而此时佩罗坦先生还在跟怪物纠缠。

这两个怪物立方体的对角线老老实实地会合于 VP_4，它们分列在两个垂直的方向上，彼此毫无怨言。

爱丽丝瞥了一眼，她很喜欢 VP_4，这是个埋在无限远的地下的灭点。

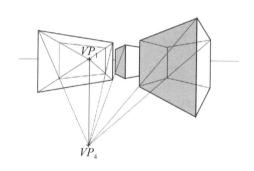

对佩罗坦先生来说，和游客们一起在快餐店排队是不可能的，他打算晚一点儿吃饭，看看露营者们酒足饭饱之后还剩下些什么。爱丽丝没有这么多讲究。她把餐盘带回度假小屋，好安安静静地吃顿饭。她感觉自己像回到了家里。这天晚上，她有一颗纽扣要缝，还有一些衣服要洗。

第二天中午，他们将动身前往大洋。

可爱的 VP_4 又出现了，成为一束束阳光的灭点。在波西的阳光下，爱丽丝的衣服很快就会晒干了。

倒影露台

©几何风光图片社

几何王国的最后一段旅程

这座露台将传奇的美影公主的宫殿延伸到了大洋边。美影是国王"受爱戴者"求真迈斯的妹妹，她的儿子魅影王子在19世纪末修建了这座宫殿，以纪念自己的母亲——我们将在下文中看到，她和倒影有着多么密切的关系。宫殿如今改成了美丽影酒店，这座富丽堂皇的建筑俯瞰一处避风的锚地，多艘豪华船只停在这里。

Entre désert et océan
HÔTEL
MIRAMAR
★★★★
Le luxe d'un palais
Ouvert toute l'année   English spoken

美丽影酒店

在沙与海之间，尽享宫殿奢华。全年无休，提供英语服务。

海滩一望无际，没有修建港口。从海报上可以看到一座浮桥，一艘摆渡船从这里出发，确保停泊在海里的船只定期来往于陆地。

　　爱丽丝和老师经过一段令人疲惫的沙漠旅行，在傍晚时分到达美丽影酒店。爱丽丝住在 665 号房间，面朝大海。她拉开高高的窗户上厚厚的窗帘，对眼前的景象赞叹不已。一艘游轮停泊在海湾中间，面对着酒店，好不气派。那是塞德里克·维拉尼号[①]。游轮等待着去往法国的游客，他们将在第二天傍晚出发。爱丽丝意识到旅行即将结束，短暂地心痛了一下。

　　浴室高达 3.5 米，浴缸相当豪华，洗澡水总算是热的了。

　　爱丽丝发现自己被波西的阳光晒黑了。这种棕色很适合她，她对着镜子微笑，镜子还给她一个灿烂的微笑。她时不时意识到自己的美，但这一次……镜子也告诉她一件薄薄的白衬衫加一条干净的牛仔裤和美丽影酒店一个旅途中的年轻女孩正相称。

　　她花了整整十分钟穿过走廊，等待电梯，在一间间会客室里迷路又问路，最终在酒吧露台上找到佩罗坦先生。他身穿沙黄色套装，头发梳得整整齐齐，还喷了香水，朝向大海坐着，面前放着一杯精致的开胃酒。

　　爱丽丝心想，他也被自己的镜子恭维了。

　　"爱丽丝，我不想工作。"

　　"这很正常。"

---

① 2012 年，菲尔兹奖得主塞德里克·维拉尼为本书作者的《几何的故事：从古巴比伦测量师到达·芬奇》一书颁发了"《切线》图书奖"。我们理应给他一艘游轮。——原注
　　塞德里克·维拉尼（1973— ），法国数学家、政治家，2010 年菲尔兹奖得主，著有《一个定理的诞生：我与菲尔茨奖的一千个日夜》（人民邮电出版社，2015）。菲尔兹奖是数学领域的国际最高奖项之一，被誉为"数学界的诺贝尔奖"。"《切线》图书奖"由法国数学期刊《切线》创立，每年颁发给一部普及数学知识的文学作品。——译者注

"我给你讲个故事吧。你喝什么?"

爱丽丝本来想喝可乐,但她环顾四周,感觉自己必须点一杯米拉椰香菠萝汁。侍者是一位非常优雅的黑眼睛波西人。他在紫罗兰色制服上佩戴着胸卡,他的名字叫阿镜。

"故事发生在 19 世纪,几何王国国王"受爱戴者"求真迈斯统治时期。

"国王的妹妹'六倒影'美影公主是一位创意十足的艺术家,热爱冒险。她是第一个发现并爱上无限沙漠的王室女子,当时人们认为无限沙漠是一片荒凉之地,粗俗的土著人在那里拦路抢劫。她那时 17 岁。

"她与侍从结队深入沙漠,遇到了最凶狠的波西首领,她会讲他们的语言。她以国王的名义开辟道路,保护棕榈园,为泉眼命名。她的每一次远征都给沙漠带去皇家庆典。就在我们今天所处的这片锚地前面,举行了一场令人难忘的海边庆典。各国国王、王子、皇帝纷纷乘船前来。锚地里挤满了三桅船、蒸汽船和私人游艇。庆典持续了六个月，有一天，美影公主把宾客们送到海滩上，她决定在这里建一座与她的财富相称的巨大宫殿。

"她可以在宫殿里接待整整 50 名带着侍从的宾客。她让人安装了热水装置、四部水力电梯，每层都有煤气灯。

"美丽的公主时年 21 岁。然而，一场可怕的疾病在等着她，让她终身面容扭曲。

"公主胆子大又主意多，习惯了发号施令，要求她的镜子不得照出她的瑕疵。她那神经质般的自恋把她推向几何谬误的怀抱，你知道的，几何谬误最会扭曲现实和撒谎。一个上了年纪的化学家，因思想异端、心术不正而被官方科学家排斥。有人出高价收买了他，在公主的镜子上弄虚作假。他找到了一种添加剂，混入制镜工艺中，涂在玻璃背面的硝酸银和汞里，可以改变反射率，显著美化反射出的映象。为了向公主撒谎，宫殿里竖起一面面镜子。据说这个邪恶的化学家发明了一种粉末，撒入水中就可以使倒映出的景象更宏伟、更美丽。

"这些镜子的盛名传遍了全世界。最丑陋的君主纷纷来到宫殿的镜子前照一照。本就貌美如花的女演员则看到自己在这些镜子中变得更美了。

"公主在 33 岁时嫁给了一位年轻帅气的艺术家。她过着幸福的生活，生了很多孩子。她的大儿子魅影王子把这座宫殿改成了豪华酒店。这些镜子在阳光的照射下失去了魔力，恢复原样。最近一次提到奇怪的倒影的可靠资料距今已有半个世纪了。如今，这种现象已经无影无踪了。"

爱丽丝想起她浴室里的镜子和那么可爱的倒影，思忖着这确实有点"滤镜"效果了。她不想告诉佩罗坦先生，她当时觉得自己漂亮得不同寻常，只是默默地怀疑美丽影酒店的镜子是否真的毫无异样。

"这是我们在几何王国的最后一顿晚饭了，我得把剩下的迈斯花掉，所以我请你吃饭吧。你觉得龙虾怎么样？"

爱丽丝想，如果她是一个值得被恭维的妙龄女子，佩罗坦先生是不会粗鲁地告诉她，自己请客是为了清空口袋的。

波西侍者阿镜走了过来。他低声说：

"您就是佩罗坦先生吧？"

"正是在下。"

"听说您在购买几何谬误。"

"您有什么要卖的吗？"

"我什么都不卖，我带您看。"

"看什么呢？"

"几何谬误，先生……"

这天晚上，我们的两位朋友不得不放弃龙虾，改吃鳕鱼排，因为阿镜为观赏几何谬误要价 200 迈斯。

镜厅藏在酒店深处，是一间没有窗户的小会客室。现在是半夜时分。阿镜对于爱丽丝也要参观表示不满。他环顾四周，感觉有点儿不安。进门前，他特别说明这些镜子害怕光线，只能在昏暗中看，并且不能超过半小时。

这面镜子已经受损了：一个球体的几何谬误版倒影"从逻辑上来说"应该是一个立方体，但我们可以看到，它真实的倒影也出现了，和立方体混在一起。镜框应该是用来反复试验的，因为照镜子的物体的位置是可以调整的。

这面镜子见证了那个时代的大理石工匠的精湛手艺。它看上去很新，倒影没有发生变化。

这面复杂的镜子能把铅变成金子，工作量之大可想而知。对硬币的操作是在关闭两侧护板的情况下进行的，只有打开护板的时候，炼金术才能完成。

此物可以把水变成酒。一个多
世纪以来，始终有人定期向玻璃杯
中注入清水，因此美酒从未变质。

我们可以看到几何谬误
是如何修复一幅受损严重、
完全褪色的油画的。

最后是一个盛满几何谬误之
水的池塘。注意千万不可饮用（谢
谢建议）。

半小时转瞬即逝，阿镜熄灭一切灯光并锁上门，钥匙转了两圈。

佩罗坦先生的失望可想而知：他两手空空地离开了，尤其是在如此微弱的光线下，不开闪光灯根本没法拍照。爱丽丝安慰他，看莫奈的画也是要花钱的，这就是一种瞬间的享受，回家时也不可能带走丝毫。无济于事，佩罗坦先生还是很生气。实际上，是那白白花掉的 200 迈斯让他难受。

第二天，当佩罗坦先生在酒店前台退房时，他特意说明一定要向阿镜转达谢意，感谢阿镜殷勤地带他参观镜厅。他还顺便补充了一句，说自己给了他 200 迈斯，用于倒影露台的日常维护。

"您真是太好了，非常感谢，佩罗坦先生。祝您旅途顺利，欢迎下次光临。"

让我们回到镜子之夜。爱丽丝睡觉前看了一眼她的镜子。不出所料，镜子里的形象相当迷人，而她很清楚，已经凌晨一点了，她此刻面色暗沉。

她起得很晚。吃了一顿可口的早餐，呼吸过海边的空气之后，她再次出发。天气好极了，正适合外出写生。她将游览倒影露台，仔细观察，做些笔记。他们俩口袋空空，中午只能各自待在角落里吃个三明治了。佩罗坦先生跟爱丽丝约定（这已经成为一种惯例）：

"我们下午五点见，上一个小时的课，然后收拾行李。晚上七点，摆渡船到浮桥上接我们，带我们登上塞德里克·维拉尼号。"

下午五点，我们的两位游客出现在美丽影酒店的露台上。很抱歉，没有龙虾。这个故事的结尾像没加气的水一样平静，就是这么回事。

爱丽丝表示为了保证水面是平的，这些动物都是塑料的。树、睡莲和灯芯草是真的。

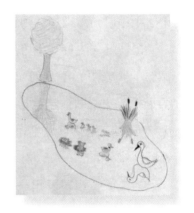

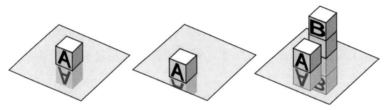

"水面和地面齐平，立方体漂浮在水面上：一个物体的倒影和这个物体本身关于反射面对称。

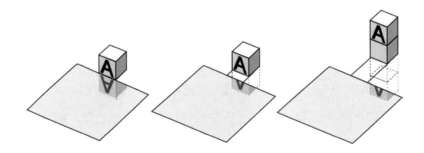

"当立方体在同一高度上逐渐远离水面，它的一部分倒影就被无法反射物体的地面遮住了。在最右边这幅图里，立方体离水面更远了，它得登上另一个立方体，我们才能看到它的倒影。

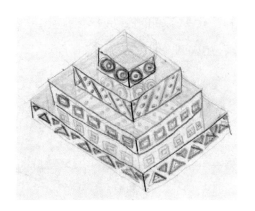

"我发现你对分层的倒影很感兴趣。我为你准备了一些相关内容。

"和你的画一样，垂直面的倒影没有反射它们的水平面大。如果我从上往下依次先抽走第三层，再抽走第二层，每次都保留一个小立方体，那么最后留在第一层的水池中的三个立方体的倒影和三个立方体一样高。

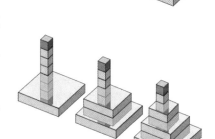

"我再加一个可以看见倒影的红色立方体，然后把原来那两层放回来。每层都会反射一部分红色立方体。"

"如果我们再加一个绿色立方体呢?"

"那就需要再加一个能反射物体的底层，这样我们才能看见它的倒影。"

"在这幅画里，我们可以从水中看见金字塔的内部。如果水池里没有鱼，它就会成为一面水平的镜子。"

"海关人员在检查可疑车辆的底部时，会使用一面固定在杆上的水平的镜子，这样就不用躺到车下边了。镜子可以调节，非常方便。

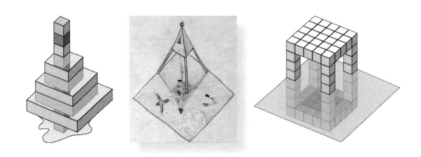

"仔细计算镜子的位置，我们就可以看见那些自以为藏起来了的人。举例来说，图中每一个用虚线画出的小人都藏在一块不透明的隔板后面，隔板在第一张图中是水平的，在后两张图中是垂直的。镜子的安全功能在于，能为观察的人提供没有镜子就看不见的图像。它们把秘密公之于众，被广泛应用于那些让人不放心的地方：大楼入口、珠宝店、超市、监狱……

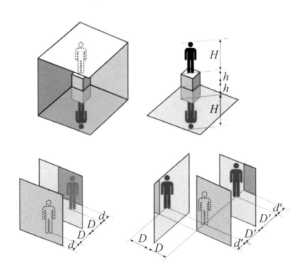

"我家那边有个装着这种镜子的小超市，有个小偷就是这么被发现的。"

"这个小偷看来确实不怎么'聪明'，可见光是双向传播的，只要看看镜子就能知道谁在观察自己。"

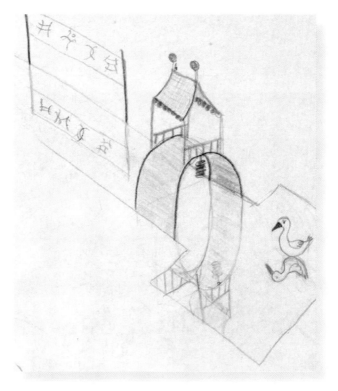

"倒映在水渠中的文字是一种未知的语言……"

"很可能是一个爱开玩笑的抄写员反着写下这句话，为了让我们在水中正着读出来。

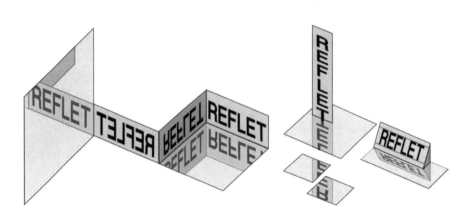

　　"列奥纳多·达·芬奇会反着写字。人们需要借助镜子才能读懂他那些颠倒的文字，于是管它们叫'镜像文字'。我们可以学习反着写每个字母，但最难的是从右往左写。阿拉伯语从右往左写，所以它的镜像文字是从左往右的。如今，任何一种图片应用程序都可以翻转画面。"

　　"美影公主的镜子呢？它们会说什么？"

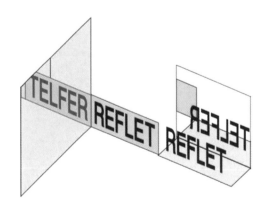

　　"和平常一样，胡说八道。"

"您太严格了，那些镜子从来没有伤害过任何人。"

"如果我们接受那些可以容忍的几何谬误，我们就成了不可容忍之物的帮凶。几何谬误知道如何表现得平易近人而又无关紧要，正是这一点让它尤其危险。"

"感谢您对我的保护，先生。您带给我的不仅是知识，还有安全。"

佩罗坦先生知道爱丽丝有时会任性、不守纪律、个性古怪，但这一次，她只是爱开玩笑又有点儿傲慢罢了。这是最后一堂课了，没必要大做文章。他看到爱丽丝的最后一幅画，仿佛着了迷，态度柔和起来。

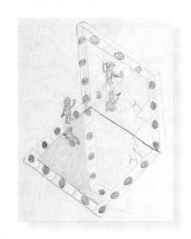

一面有裂缝的镜子倒映在水池中。尽管这个场景很复杂，细节却一丝不苟、非常准确，甚至天空的蓝色和池水的蓝色都有所不同，猴子堪称完美。爱丽丝占了上风，佩罗坦先生开始讲解。

"你已经理解得很透彻了，一个倒影的倒影和它本身是相反的。两个反射面相交形成对称轴，单词 REFLET[①]（上下左右颠倒）是 REFLET（左右颠倒）的垂直倒影和 REFLET（上下颠倒）的水平倒影，后两者则分别是 REFLET 的水平倒影和垂直倒影。"

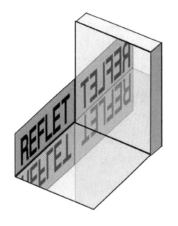

① 　reflet 在法语中是倒影的意思。

"我以为我理解了，但听了您这番话，我有点儿怀疑。"

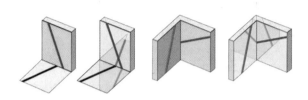

"你现在看到的是一个严谨的倒影结构。没有什么需要理解的，只是应用对称法则而已。"

"我很愿意让两面镜子倒映在水池中，可是如果我往画里加一面镜子，我的猴子就白白围着水池转了，我们将看不到它的倒影。"

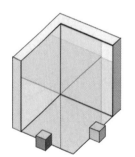

"我们在镜子和水池中都看不到这两个立方体的倒影。如果你的猴子拒绝进入水中，我们就不可能看到它的倒影了……

"还是请出你的塑料鹅吧。"

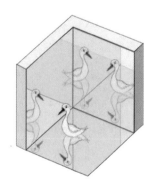

这一次轮到爱丽丝着迷了：佩罗坦先生邀请她的鹅进入教学用图，这只美丽的大鸟在这里待得很舒适。一只鹅有七个倒影，很难比这更好了。

　　塞德里克·维拉尼号离开几何王国三天了，再过一天，将到达法国的马赛。天空湛蓝，大海景色宜人。爱丽丝处在度假的状态中，但在船上没有什么事情可做，她主要的活动就是无所事事。当然，她时不时会遇见佩罗坦先生，但情况和之前不一样了：课程已经结束了。她看见佩罗坦先生去游泳（挺好的，不过小心别喝了啤酒再下水！）、晒日光浴、在酒吧和一位吵闹的美国女子聊天，总之他过着无忧无虑的日子。爱丽丝并不讨厌他，也没有什么怨言，但她觉得这趟旅程的结尾不及前面精彩。

　　我们不会就这样忘记几何王国、几何学和几何谬误，还是需要做个总结。佩罗坦先生有点儿小气，不是很有礼貌，是个浪子，骄傲自满，但……生性敏感。不过，爱丽丝还是要逗逗他。

　　塞德里克·维拉尼号在上午十一点到达马赛的若利耶特港口，佩罗坦先生还在睡觉。一幅画从他的门缝滑了进去。

致　谢

感谢伊丽莎白的意见、布吕诺的关注和格扎维埃的审阅。

感谢埃莱娜和加布里埃尔的微笑。

感谢热罗和托克维尔学院的学生们。

感谢菲利普维持机器正常运转。

感谢朱丽叶设计并绘制旅行路线。

感谢卡特琳和玛丽娜，她们严厉而友好，为我的第三本书做出了卓越的贡献。

感谢杰拉尔·佩罗坦，他总结道：三本书重达 1.5 千克。